Paul Julius Möbius

Die Migräne

Paul Julius Möbius

Die Migräne

ISBN/EAN: 9783743361775

Hergestellt in Europa, USA, Kanada, Australien, Japan

Cover: Foto ©berggeist007 / pixelio.de

Manufactured and distributed by brebook publishing software
(www.brebook.com)

Paul Julius Möbius

Die Migräne

SPECIELLE
PATHOLOGIE UND THERAPIE

herausgegeben von

HOFRATH PROF. DR. HERMANN NOTHNAGEL

unter Mitwirkung von

Prof. Dr. **M. Bernhardt** in Berlin, Prof. Dr. **O. Binswanger** in Jena, Prof. Dr. **R. Chrobak** in Wien, Geh. Med.-R. Prof. Dr. **H. Curschmann** in Leipzig, Prof. Dr. **P. Ehrlich** in Berlin, Prof. Dr. **Ewald** in Berlin, Doc. Dr. **L. v. Frankl-Hochwart** in Wien, Prof. Dr. **P. Fürbringer** in Berlin, Geh. Med.-R. Prof. Dr. **K. Gerhardt** in Berlin, Stabsarzt Priv.-Doc. Dr. **Goldscheider** in Berlin, Geh. R. Prof. Dr. **F. A. Hoffmann** in Leipzig, Prof. Dr. **R. v. Jaksch** in Prag, Prof. Dr. **H. Immermann** in Basel, Prof. Dr. **Th. v. Jürgensen** in Tübingen, Prof. Dr. **H. Kast** in Breslau, Doc. Dr. **G. Klemperer** in Berlin, Prof. Dr. **F. v. Korányi** in Budapest, Hofr. Prof. Dr. **v. Krafft-Ebing** in Wien, Prof. Dr. **Fr. Kraus** in Wien, Prof. Dr. **O. Leichtenstern** in Köln, Geh. Med.-R. Prof. Dr. **E. Leyden** in Berlin, Prof. Dr. **L. Lichtheim** in Königsberg, Prof. Dr. **K. v. Liebermeister** in Tübingen, Prof. Dr. **M. Litten** in Berlin, Priv.-Doc. Dr. **H. Lorenz** in Wien, Prof. Dr. **L. Mauthner** in Wien, Dr. **Mendelsohn** in Berlin, Dr. **P. J. Möbius** in Leipzig, Geh. Med.-R. Prof. Dr. **F. Mosler** in Greifswald, Prof. Dr. **B. Naunyn** in Strassburg, Hofr. Prof. Dr. **H. Nothnagel** in Wien, Prof. Dr. **Oser** in Wien, Prof. Dr. **E. Peiper** in Greifswald, Reg.-R. Prof. Dr. **A. Přibram** in Prag, Geh. Med.-R. Prof. Dr. **H. Quincke** in Kiel, Geh. Med.-R. Prof. Dr. **F. Riegel** in Giessen, Prof. Dr. **O. Rosenbach** in Breslau, Prof. Dr. **A. v. Rosthorn** in Prag, Prof. Dr. **L. v. Schrötter** in Wien, Geh. Med.-R. Prof. Dr. **H. Senator** in Berlin, Prof. Dr. **Stoerk** in Wien, Prof. Dr. **O. Vierordt** in Heidelberg, Hofr. Prof. Dr. **H. Baron Widerhofer** in Wien.

— —

XII. BAND.

III. THEIL. I. ABTHEILUNG.

DIE MIGRÄNE.

Von

Dr. P. J. MÖBIUS.

WIEN 1894.

ALFRED HÖLDER

K. U. K. HOF- UND UNIVERSITÄTS-BUCHHÄNDLER

I ROTHENTHURMSTRASSE 15.

DIE

MIGRÄNE.

VON

DR. P. J. MÖBIUS

IN LEIPZIG.

WIEN 1894.

ALFRED HÖLDER

K. U. K. HOF- UND UNIVERSITÄTS-BUCHHÄNDLER

I. ROTHENTHURMSTRASSE 15.

Inhaltsverzeichniss.

Geschichtliches.

Nach Thomas[1]) hat zuerst Aretaeus eine deutliche Beschreibung der Migräne gegeben. Er nennt sie Heterokranie und bezeichnet als ihre Kennzeichen die Halbseitigkeit und das Auftreten in Anfällen, die durch längere oder kürzere freie Zeiten getrennt sind. Zuweilen beginnt sie Früh, hört Mittags auf; sie kann die Stirn oder den Hinterkopf einnehmen, in die Schläfe und in die Augenhöhle ausstrahlen. Immerhin sollen manche Bemerkungen des Aretaeus zeigen, dass er die Migräne nicht genügend von den Neuralgien und von den groben Gehirnerkrankungen abtrennte.

Galen soll eine gute Beschreibung der Migräne geben, zugleich aber eine Theorie aufstellen. »Im gesunden Zustande gibt es Verbindungen zwischen den Gefässen innerhalb und ausserhalb des Schädels, durch die die übermässigen Dünste und Flüssigkeiten nach aussen entweichen können. Ist aber die Verbindung gestört, so schicken gewisse Körpertheile dem Gehirn mit dem Blute Flüssigkeiten oder Dünste schlechter Art.«

Caelius Aurelianus gebe die Beschreibung des Aretaeus wieder und erweitere sie. Die Migräne kommt besonders bei Weibern vor und kann durch Erkältung, Erhitzung, Nachtwachen entstehen.

Alexander von Tralles habe den Galen abgeschrieben, dasselbe gelte von den übrigen Byzantinern.

Unter den Arabern wird Serapion hervorgehoben. Der Uebersetzer gebe Galen's Lehre wieder, füge aber hinzu, dass der Darm der Ursprung des Uebels sei; da entstehen die kalten oder warmen mephitischen Dünste, die unter die Schädeldecke steigen.

Nach der Renaissance hat Fernel eine durch Klarheit ausgezeichnete Besprechung der Migräne geliefert. Der Kopfschmerz ist nicht eine Krankheit, sondern ein Symptom. Man unterscheidet Cephalalgia, Cephalaea und Hemicrania. Die Migräne hat ihren Sitz im Gehirn und in den zu- und abführenden

---

[1]) Da Neigung und Zeit zu geschichtlichen Untersuchungen mir fehlen, schliesse ich mich in diesem Abschnitte, soweit die alte Zeit in Frage kommt, an die vortreffliche Abhandlung von Dr. L. Thomas an (La migraine; par le Dr. L. Thomas. Sons-bibliothécaire à la faculté de Médecine de Paris. [Prix Civrieux, 1886.] Paris. A. Delahaye & E. Lecrosnier, 1887. 8°. 140 pp.). In Living's Werke sind die geschichtlichen Mittheilungen verstreut; er citirt die alten Schriftsteller zum Theile wörtlich.

Wegen. An Stelle der Flüssigkeiten und der Dünste tritt die Galle. »Diese Krankheit.« sagt ein Schüler Fernel's. »entsteht durch Sympathie der kranken Theile mit den Hypochondrien oder den Därmen: sie beginnt gewöhnlich mit einem heftigen Klopfen der Schläfenarterien«. Fast immer wurde von den gleichzeitigen Schriftstellern die Migräne mit allen möglichen Formen des Kopfschmerzes zusammengeworfen.

Im XVII. Jahrhundert ist Ch. Lepois ausgezeichnet. Er gab. ein Vorbild für Viele. eine vorzügliche Schilderung nach Erfahrungen an der eigenen Person. Im Beginne seines medicinischen Studium wurde er von heftigen Schmerzen in Stirn und Scheitel befallen. die mit Erbrechen endigten. Vier Jahre lang kehrten die Anfälle wieder. dann reiste Lepois nach Italien und schien dort Genesung zu finden. Nach der Heimkehr in das Vaterland und zu dem Studium kam auch die Migräne zurück. aber schwächer und besonders bei Westwinden. Das Wesen der Krankheit soll in einer serösen Ausschwitzung bestehen. die durch das Erbrechen ausgeschieden wird.

Thomas führt zahlreiche Schriftsteller des XVIII. Jahrhunderts an. deren Arbeiten über die Migräne wesentlich in theoretischen Erörterungen bestanden (Anhalt, Hoffmann, Eger, Fordyce, Schobelt. Forestier u. A.). Eine gewisse Bedeutung hat Wepfer. Er betitle gegen 20 seiner Beobachtungen als Migräne. doch handle es sich nur bei 5—6 um wahre Migräne. Auch bei ihm sei die Migräne eine seröse Ausschwitzung. Warum aber ruft das nährende, nützliche Blutserum Schmerzen in einer Hälfte des Kopfes hervor? Weil es da stagnirt. Damit beginnt das Arterienklopfen und je mehr Blut zufliesst. umso grösser wird die örtliche Störung. Sind die Gefässe schlaff, so wird der Anfall besonders arg und lang. denn dann ist die Aufsaugung des extravasirten Serum schwierig.

Der Classiker der Migräne ist der Schweizer Tissot. Von ihm gehen gewöhnlich die älteren Abhandlungen über Migräne aus und er hat thatsächlich alle vor ihm erworbenen Kenntnisse in vortrefflicher Weise zusammengefasst. Es mag sein, dass er als Schriftsteller mehr Bedeutung habe. denn als Beobachter, und dass seine Vielseitigkeit grösser sei als seine Consequenz, darum ist doch sein Verdienst nicht gering. Nach Tissot kommt die Migräne aus dem Magen. Die Reizung des Magens pflanzt sich auf die Nerven des Kopfes fort, wir kennen zwar den Weg nicht. aber es bestehen ja die Anastomosen der Nerven und die Gesetze des Consensus der Organe. Der Magen irritirt den Nervus supraorbitalis und wenn dessen Reizung den höchsten Grad erreicht hat. so wirkt sie wieder auf den Magen und ruft das den Anfall beendende Erbrechen hervor. Eigenthümlich ist Tissot die Gleichstellung der Migräne mit gewissen Hautkrankheiten und Abscheidungen, die man nicht unterdrücken dürfe. Schwinden die Schmerzanfälle. so bleibt doch ihre Ursache im Magen zurück und sie kann dann Störungen hervorrufen, die schlimmer als die Migräne sind. Obwohl man also die Migräne eigentlich respectiren muss, ist doch Tissot kein therapeutischer Nihilist, empfiehlt vielmehr weitherzig alle seiner Zeit bekannten Mittel, natürlich an erster Stelle die Behandlung des Magens durch Diät und durch Medicamente.

In der ersten Hälfte unseres Jahrhunderts kam man nicht weit über Tissot hinaus. Der werthvollste Gewinn war die Erweiterung der Symptomenkenntniss durch eingehendere Beschäftigung mit der Augenmigräne. In dieser Hinsicht machten sich englische und französische Aerzte verdient. Wenn auch schon Wepfer die Augenmigräne gekannt zu haben scheint, Vater und Hennicke einen Fall mitgetheilt haben, Heberden sie kurz aber deutlich beschreibt, Plenck und Tissot sowohl das vorübergehende Halbsehen als die vorübergehende Blindheit eines Auges kennen, stammt doch die erste genauere Beschreibung von Parry, der ebenso wie Wollaston die eigenen Erfahrungen schilderte. Wenig später erschien die vorzügliche Abhandlung Piorry's, die für lange Zeit den Gegenstand zu erschöpfen schien und trotz der etwas gewagten Theorie des Verfassers mit Recht viel bewundert wurde.

In Deutschland wurde unterdessen nicht gerade viel geleistet, wenn auch manche Meinungen geäussert wurden. Schönlein bezeichnete die Migräne als »Hysteria cephalica« und erklärte die Nn. frontalis und temporalis für ihren Sitz. Romberg nannte die Migräne »Neuralgia cerebralis« und darin dürfte man insofern einen Fortschritt sehen, als das Gehirn entgegen früheren und späteren Auffassungen zum Sitze des Uebels gemacht wurde. Gegen den unpassenden Ausdruck Neuralgie wandte sich F. Niemeyer. Erst dadurch, dass Dubois-Reymond auf den Einfall kam, einen halbseitigen Tetanus der Blutgefässe als Ursache des Migräneanfalles anzusehen, wandte sich das allgemeine Interesse dem Gegenstande zu. Dubois selbst hatte sich nur dahin ausgesprochen, dass bei seiner Migräne ein Tetanus im Gebiete des Halstheiles des rechten Sympathicus stattfinde, dass wahrscheinlich der Druck der krampfhaft zusammengezogenen Gefässmuskeln auf die Gefühlsnerven Ursache des Schmerzes sei, dass aber »in vielen, vielleicht den meisten Fällen wohl das Wesen der Migräne nach wie vor in einer Neuralgie zu suchen« sei. Trotz dieser Zurückhaltung wurden Dubois' Angaben rasch verallgemeinert, die »Hemicrania sympathico-tonica« spielte von nun an eine grosse Rolle und bald war kein Zweifel mehr, dass die Migräne überhaupt eine »vasomotorische Neurose«, eine Sympathicuskrankheit sei. Als Möllendorf dann seine Migräne beschrieb, bei der die Sympathicusfasern gelähmt zu sein schienen, wurde von den Zeitgenossen, gemäss der herrschenden physiologisirenden Richtung, angenommen, die Ursache der Migräne sei bald Krampf, bald Lähmung im Gebiete des Halssympathicus, man müsse von der sympathico-tonischen die angioparalytische Form unterscheiden. Diese Auffassung vertrat besonders Eulenburg, der ihr gemäss noch 1875 die Abhandlung über Migräne in Ziemssen's Handbuche verfasst hat. Obwohl einer klinischen Auffassung es nahe gelegen hätte, aus dem Wechsel des Vorzeichens der Gefässerscheinungen den Schluss zu ziehen, dass die Innervation der Gefässe eine Nebensache sei, fand doch die Hemicrania vasomotoria in Deutschland fast allgemeine Anerkennung. Verschiedene Heilpläne wurden auf Grund der Theorie entworfen und je nach dem vorausgesetzten Zustande des Sympathicus wechselte die Behandlung, der selbstverständlich der Erfolg nicht fehlte.

Inzwischen war aber in England ein Buch erschienen, das eine wichtige Epoche in der Geschichte der Migräne bedeutet, das Werk Liveing's.[1]) Der Verfasser hat seine Aufgabe in wahrhaft klinischem Geiste aufgefasst und so vortrefflich gelöst, wie es unter den gegebenen Bedingungen möglich war. Auf eine vollendete Kenntniss der Literatur einerseits, auf eigene Erfahrungen andererseits gestützt, hat er das vollständigste und beste Bild der Krankheit geliefert, das wir besitzen. In theoretischer Hinsicht ist die Nebeneinanderstellung der Epilepsie und der Migräne ein wahrhafter Fortschritt. Freilich hat Liveing seinem Werke durch die allzuweit ausgesponnenen Erörterungen über die »Nervenstürme«, die viel Unbewiesenes enthalten, selbst geschadet. Andererseits ist seine Kritik der früheren Hypothesen vorzüglich und seine Widerlegung der »vasomotorischen Theorien« ist so gründlich, dass nur Nichtkenntniss oder Mangel an Verständniss es erklärt, wie trotz Liveing die Erörterungen über die Hemicrania vasomotoria bis heute noch nicht verstummt sind.

Seit Liveing sind zahlreiche weitere Arbeiten über Migräne veröffentlicht worden. Viele, besonders die Mehrzahl der rein therapeutischen Abhandlungen, sind ziemlich werthlos. Es genügt, wenn Folgendes hervorgehoben wird. In Frankreich widmete man sich besonders dem Studium der Augenmigräne. Galezowski und Féré lieferten vortreffliche Arbeiten, wenn sie auch nicht gerade neue Thatsachen beibrachten. Leider stifteten sie Verwirrung dadurch, dass sie die Augenmigräne als eine selbständige Form auffassten. Charcot empfahl die methodische Brombehandlung. Auch in England (Airy, Latham u. A.) und in Deutschland (besonders bei Augenärzten: Listing, Förster, Mannhardt, Ruete u. A.) hatte in neuerer Zeit die Augenmigräne Theilnahme gefunden.

Die zusammenfassende Arbeit des Dr. Thomas ist schon im Eingange rühmend erwähnt worden.

---

[1]) On Megrim, Sick-Headache and some allied disorders, a contribution to the pathology of nerve-storms; by Edward Liveing. London, J. and A. Churchill, 1873. gr. 8°. X and 510 pag.

Der Hauptgewinn der neuesten Zeit dürfte in der besseren Kenntniss der symptomatischen Migräneformen bestehen, besonders der paralytischen, beziehungsweise tabischen Migräne, um die sich in Frankreich Charcot's Schüler, in Deutschland H. Oppenheim u. A. verdient machten. Die wiederkehrende Oculomotorinslähmung gab Gelegenheit, das Verhältniss zwischen ihr und der Migräne zu erörtern. Erst in den letzten Jahren sind die schwierigen Beziehungen zwischen Migräne und Hysterie von Charcot's Schülern besprochen worden.

Ich habe, ohne damals Liveing zu kennen, 1885 die Migräne der Epilepsie an die Seite gestellt und habe dabei als Gegenstück des Status epilepticus den Status hemicranicus geschildert. Zur gleichen Auffassung ist neuerdings, ohne mich zu kennen, Féré gekommen.

Endlich wären die therapeutischen Arbeiten, die theils die Erprobung alter, theils die Einführung vieler neuen Mittel und Methoden zum Gegenstande hatten, zu nennen. Doch würde ihre Aufzählung an dieser Stelle zu weit führen. Die wichtigsten Fortschritte werden im Abschnitte »Behandlung« erwähnt.

Natürlich enthalten alle Lehrbücher der Medicin, beziehungsweise der Nervenheilkunde eine Abhandlung über die Migräne. Als weitaus die beste ist mir die von Gowers erschienen.

In Beziehung auf die Bibliographie ist zu sagen, dass die älteren Arbeiten über Migräne in den Büchern von Liveing (1873) und Thomas (1886) citirt sind. Die Bibliographie des »Index catalogue« reicht bis 1884, beziehungsweise 1885 (Der Artikel Headache steht in dem 1884 erschienenen Bande, der Artikel Hemicrania in dem von 1885). Ich habe mich hier begnügt, von den älteren Arbeiten seit Tissot die wichtigsten anzuführen und erst die seit 1884 erschienenen Arbeiten über Migräne zusammenzustellen. Vollständigkeit ist natürlich nicht zu erreichen, ist übrigens auch im Index catalogue ganz und gar nicht erreicht. Die vielen Arbeiten, die über eins oder mehrere der neuen Nervina handeln und in denen neben anderen Krankheiten auch die Migräne als Heilobject genannt wird, sind hier übergangen. Auch die Arbeiten über periodische Oculomotorinslähmung, die zum Theile unter dem Titel Migräne erschienen sind, habe ich mit Ausnahme der Arbeit Charcot's nicht angeführt, weil, wie später darzulegen ist, die periodische Oculomotoriuslähmung wahrscheinlich keine Migräne ist.

Fothergill, Remarks on sick-headache. Med. observ. and inquiries. 1778.

Tissot, Oeuvres complètes. Ed. Lausanne. T. XI. p. 112. Traité des nerfs et de leurs maladies. III. Paris 1783.

Wollaston, Philosophical Transactions. 1824. p. 222.

Parry, „Collections from the unpublished writings of Dr. C. H. P." Edited by his son. I. p. 557. 1825.

Labarraque, De la migraine. Thèse de Paris. 1833. (Essai sur la Céphalalgie et la Migraine. Paris 1837.)

Lebert, Handbuch d. prakt. Med. II. p. 570. 1860. — Traité pratique des maladies cancéreuses. Paris 1851. p. 778.

Sieveking, On chronic and periodical headache. Med. Times. II. p. 200. 1854.

Piorry, Mémoire sur l'une des affections désignées sous le nom de migraine ou hémicranie. Journ. univ. et hebdom. II. p. 5. 1831. — Gaz. des hôp. XXIX. p. 3. 1856. — Traité de méd. prat. T. VIII. p. 75.

Symonds, Gulstonian lectures on headache. Med. Times and Gaz. 1858. p. 498.

Dubois-Reymond, E., Zur Kenntniss der Hemikranie. Arch. f. Anat. u. Physiol. 1860. p. 461.

Brown-Séquard. De l'hémicranie. Journ. de Physiol. IV. p. 137. 1861.

——Möllendorf. Ueber Hemikranie. Virchow's Archiv. XCI. p. 385. 1867.

Airy, H., Philosophical Transactions. 1870. p. 247. — On a distinct form of transient hemiopsia. London 1871.

Liveing, E., On Megrim, sick-headache and some allied disorders. London 1873.

Lasègue, C., De la migraine. Arch. gén. de Méd. 6. S. II. p. 580. 1873.

Latham, On nervous or sick-headache. London 1873.

Berger, O., Zur Pathogenese der Hemikranie. Virchow's Archiv. LIX. 3 u. 4. p. 315. 1874.

Allbutt, S. C., On Megrim, sick-headache and some allied disorders. Brit. and For. med.-chir. rev. LIII. p. 306. London 1874.

Dianoux, Du scotome scintillant ou amaurose partielle temporaire. Thèse de Paris. 1875.

Eulenburg, A., Artikel „Hemikranie" in Ziemssen's Handb. der spec. Pathologie. XII. 2. p. 3. 1875.

Warner, Francis, Recurrent headaches and associated pathological conditions. Brit. med. Journ. Dec. 6. 1878.

Galezowski, Etude sur la migraine ophthalmique. Arch. gén. de Méd. Juin. Juillet 1878. I. p. 669. II. p. 36.

Baralt. R., Contribution à l'étude du scotome scintillant ou amaurose partielle temporaire. Thèse de Paris. 1880.

Henschen, Naagra Jaktagelser öfver Migrän. Upsala 1881.

Parinaud, Migraine ophthalmique au début de la paralysie générale. Arch. de Neurol. V. p. 57. 1883.

Bert, Paul, Observation sur le siège du scotome scintillant. Comptes r. des séances de la soc. de biol. p. 571. 1882.

Raullet, Etude sur la migraine ophthalmique. Thèse de Paris. 1883.

Féré. Ch., Sur la migraine ophthalmique. Revue de Méd. III. p. 194. 1883.

Berger. O., Zur Symptomatologie der Tabes dorsalis. Breslauer ärztl. Zeitschr. Nr. 13. 1884. (Vgl. Schmidt's Jahrb. CCIII. p. 298.)

Haab, Ueber das Flimmerscotom. Corr.-Bl. f. Schweizer Aerzte. 16. 1884.

Oppenheim, H., Ueber Migräne bei Tabes. Berliner klin. Wochenschr. XXI. p. 38. 1884. (Vgl. Schmidt's Jahrb. CCIII. p. 298.)

Schröder, Theodor v., Ueber bleibende Folgeerscheinungen des Flimmerscotom. Klin. Mon.-Bl. f. Augenhk. XXII. p. 351. Oct. 1884. (Vgl. Schmidt's Jahrb. CCVII. p. 285.)

Robiolis, Contribution à l'étude de la migraine dite ophthalmique. Thèse de Montpellier. 1884.

Soula, De la migraine. Thèse de Paris. 1884.

Allbutt, T. Clifford, On megrim. Med. Times and Gaz. Febr. 14, 1885.

Drysdale, Alfred, Ueber Migräne. Practitioner. XXXIV. 4. p. 251. April 1885.

Holovtschiner, E., Combination von spastischer u. paralytischer Hemikranie. Med. Centr.-Ztg. LIV. 95. 1885.

Möbius, P. J., Ueber Migräne. Centr.-Bl. f. Nervenheilk. VIII. p. 244. 1885.

Norström, Traitement de la migraine par le massage. Paris, Delahaye & Lecrosnier, 1885.

Dujardin-Beaumetz, Sur les propriétés physiologiques et thérapeutiques des derivés de la caféine et en particulier de l'éthoxycaféine. Bull. de Thér. CV. Mars 30, 1886. (Vgl. Schmidt's Jahrb. CCX. p. 22.)

Haig, A., Further notes on the influence of diet on headache. Practitioner. XXXVI. p. 179. March 1886. (Vgl. Schmidt's Jahrb. CCX. p. 32.)

Rosenbach, O., Ueber die auf myopathischer Basis beruhende Form der Migräne und über myopathische Cardialgie. Deutsche med. Wochenschr. XII. 12. 13. 1886. (Vgl. Schmidt's Jahrb. CCIX. p. 253.)

Sarda, La migraine. Thèse d'agrégation. Paris 1886.

Sarda, Des migraines. Gaz. des hôp. 51. 1886.

Storch, O., Remarques sur l'étiologie et la thérapeutique de la migraine et de la céphalalgie nerveuse. Congr. internat. de Copenhague. III. Psych. und Neurol. p. 151. 1886.

Ungar, E., Antipyrin bei Hemikranie. Centr.-Bl. f. klin. Med. VII. 45. 1886. (Vgl. Schmidt's Jahrb. CCXIII. p. 125.)

White, Blake J., Antipyrin as an analgetic in headache. New-York med. Rev. XXX. 2. p. 293. 1886. (Vgl. Schmidt's Jahrb. CCXIII. p. 25.)

Ziem, Ueber die Abhängigkeit der Migräne von Krankheiten der Nasenhöhle und der Kieferhöhle. Allg. med. Centr.-Ztg. LV. 35. 36. 1886. (Vgl. Schmidt's Jahrb. CCXI. p. 23.)

Charcot. J. M.. Leçons du Mardi. I. 1887. Migraine. p. 23—27, 68—70, 89, 97—102, 469.

Cummings, J. C., Report of a case of sick-headache. Philad. med. and surg. Rep. LVI. 15. p. 455. April 1887.

Davies, Nathaniel Edw., Antipyrin in headache. Lancet. II. 27. p. 1344. Dec. 1887.

Eulenburg, A., Zur Aetiologie und Therapie der Migräne. Wiener med. Pr. XXVIII. 1. 2. 1887.

Faust, W., Antifebrin gegen Kopfschmerzen. Deutsche med. Wochenschr. XIII. 26. 1887.

Forsbrook, W. H. Russell, Antipyrin in the treatment of migraine. Lancet. II. Dec. 24. 1887.

Gilles de la Tourette et P. Blocq, Sur le traitement de la migraine ophthalmique accompagnée. Progrès méd. XV. 24. 1887. (Vgl. Schmidt's Jahrb. CCXV. p. 147.)

Grout, P., De la migraine (dentaire). Gaz. des hôp. 106. 1887.

Higgens, C., On the relation of headaches to the condition of the eyes. Brit. med. Journ. Jan. 15, 1887.

Mitchell. S. Weir, Neuralgic headaches with apparitions of unusual character. Amer. Journ. of med. sc. LXXXVIII. p. 415. 1887.

Kingsbury, Geo. C., Antipyrin in migraine. Brit. med. Journ. December 24, 1887. p. 1379.

Müller-Lyer. F. C., Ueber ophthalm. Migräne. Berliner klin. Wochenschr. XXIV. 42. 1887.

Ogilvy. J., Antipyrin in bilious headache. Brit. med. Journ. July 16, 1887. p. 123.

Pelizaeus. Zur Therapie der Migräne. Deutsche Med.-Zeitg. VIII. 66. 1887.

Rabow, S., Die Behandlung der Migräne mit einem Hausmittel (Kochsalz). Therap. Monatsh. I. 4. p. 138. 1887.

Robertson, T. S., Antipyrine in migraine. New-York med. Rec. XXXI. 19. May 1887.

Sée, Germain. Du traitement des maux de tête (céphalées, migraines, névralgies faciales) par l'antipyrine. Bull. de l'Acad. de Méd. 2. S. XVIII. 34. p. 259. 1887.

Ball, R. R., Antipyrine in neuralgic headache. New-York med. Rec. XXXIII. 2. p. 39. Jan. 1888.

Dunn. Thomas. The hypodermic use of cocaine in migraine and bronchial asthma. Therap. Gaz. 3. S. IV. 8. Aug. 1888.

Filehne, Wilh., Das Aethoxy-Caffein als Substitut des Coffeins bei Hemikranie. Arch. f. Psychiatrie u. N. XVII. 1. p. 274. 1888. [Aethoxycoffein aus Monobromcoffein u. alkoholischer Kalilauge.]

Greene. Rich., The treatment of migraine with Indian hemp. Practitioner. XLI. 1. p. 35. 1888.

Haig. A., Treatment of paroxysm of migraine, by acids. Brit. med. Journ. Jan. 14, 1888.

Haig, A., The action of antipyrin in migraine that of an acid. Brit. med. Journ. May 12. 1888. p. 1007.

Jessop. Walter H., Ocular headaches. Practitioner. XLI. 4. p. 274. 5. p. 355. 1888.

Kraepelin. E., Cytisin gegen Migräne. Neurol. Centr.-Bl. VII. 1. 1888. (Vgl. Schmidt's Jahrb. CCXVII. p. 232.)

Little, James. Note on the relief of migranous headache. Dubl. Journ. LXXXV. p. 489. 539. 1888.

Martin. Geo., Migraine et astigmatisme. Ann. d'Ocul. XCIX. 1 et 2. p. 24. 1888. (Vgl. Schmidt's Jahrb. CCXVIII. p. 261.)

Martin, Georges. Migraine ophthalmique et astigmatique. Ann. d'Ocul. XCIX. p. 105. Mars-Mai 1888.

Ogilvy. J., Antipyrin in migraine. Brit. med. Journ. Jan. 14, 1888. p. 75.

Oppenheimer. H. S., Headache and other nervous symptoms caused by functional anomalies of the eye. Boston med. and surg. Journ. CXIX. 26. 1888.

Rabuske. J., Phenacetin gegen Migräne. Deutsche med. Wochenschr. XIV. 37. p. 767. 1888.

Radziwillowicz. R., Ueber Cytisin. Arb. d. pharmak. Inst. zu Dorpat. II. Stuttgart, F. Enke, 1888.

Wilks, Samuel, Epilepsy and migraine. Lancet. II. 6. Aug. 1888.

Wilmarth. Jerome. A remedy for sick-headache. Boston med. and surg. Journ. CXIX. 3. p. 70. 1888.

Bashore, Harley B., Antifebrin in the treatment of headaches. New-York med. Rec. XXXVI. 23. 1889.

Berbez. Paul, Les migraines. Gaz. hebdom. 2. S. XXXVI. 2—4. 1889. (Enthält eine Geschichte der Augenmigräne.)

Blocq, Paul, Migraine ophthalmique et paralysie générale. Arch. de Neurol. XVIII. p. 321. Nov. 1889. (Vgl. Schmidt's Jahrb. CCXXVI. p. 74.)

Dufour, Sur la vision nulle dans l'hémiopie. Revue méd. de la Suisse rom. IX. 8. p. 445. 1889. (Vgl. Schmidt's Jahrb. CCXXVI. p. 127.)

Gazzaniga, Nino, Alcuni casi di erpete della cornea prodotti dall'emicrania. Gazz. Lomb. 9. S. III. 2. 1890.

Neftel. W. B., Beiträge zur Symptomatologie u. Therapie der Migräne. Arch. f. Psychiatrie u. N. XXI. 1. p. 117. 1889.

Ranney, Ambrose, Eye-strain as a cause of headache and neuralgia. New-York med. Rec. XXXV. 25. 1889.

Schnetter, J., Der nervöse Kopfschmerz. Heidelberg 188°, C. Winter. 43 S.

Babinski. J.. De la migraine ophthalmique hystérique. Arch. de Neurol. XX. Nr. 60. p. 305. Nov. 1890. (Vgl. Schmidt's Jahrb. CCXXV. p. 34.)

Charcot, J. M., Sur un cas de migraine ophthalmoplégique. Progrès méd. 2. S. XII. 31. 32. 1890. Voir »Clinique des Maladies du système nerveux. M. le Prof. Charcot. Publiée par G. Guinon. 1892. p. 70. (Vgl. Schmidt's Jahrb. CCXXVIII. p. 140.)

Da Costa, J. Chalmers, A case of ophthalmic migraine. Journ. of nerv. and ment. dis. XV. 4. p. 217. 1890.

Fox. E. Long. Nerve-storms. Lancet. 1. 7. p. 345. 1890.

Gill, Jos. Wm., Transient recurrent attacs of lateral hemianopsia. Brit. med. Journ. Febr. 1, 1890. p. 233.

Oppenheim, H.. Casuistischer Beitrag zur Prognose der Hemikranie. Charité-Annalen. XV. p. 298. 1890. (Vgl. Schmidt's Jahrb. CCXXVIII. p. 140.)

Peake, W. Pemberton. Few observations on the pathology and treatment of migraine. Lancet. II. 13. p. 666. Sept. 1890.

Sinkler, Wharton, Recent observations on the etiology and treatment of migrains. Philad. med. News. LVII. 3. p. 53. July 1890.

Widmark, J., Einige Beobachtungen über Augensymptome bei peripheren Trigeminus-Affectionen. Klin. Mon.-Bl. f. Augenbk. XXVIII. p. 343. 1890. (Fälle von Augenmigräne mit Verdickungen an d. Trigeminuszweigen. Massage!)

Burnett, Swan M.. Contributions to the study of heterophoria and its relation to asthenopia, headache and other nervous symptoms. Transact. of the Amer. ophth. Soc. XXVII. p. 217. 1891.

Dercum, Fr. X.. Headache, its varieties. Univers. med. Mag. III. 7. p. 393. April 1891.

Fink, Laurent, Des rapports de la migraine ophthalmique avec l'hystérie. Thèse de Paris. 1891.

Hilbert, Rich.. Zur Pathologie des Flimmerscotoms. Centr.-Bl. f. prakt. Augenheilkunde. XV. p. 330. Nov. 1891.

Lange, C., Anomale former af Migräne. Hosp.-Tid. 3. R. IX. 22. 1891.

Mittendorf, W. F., 1000 cases of ocular headaches and the different states of refraction connected with it. New-York med. Rec. XL. 3. July 1891.

Antonelli, A., L'amblyopie transitoire. Arch. de Neurol. Nr. 71—72. p. 202. 423. 1892. (Uebersicht über die Formen der Augenmigräne. Enthält gute Beobachtungen von Epilepsie mit visueller Aura, von Migräne-Epilepsie.)

Bane, W. C., Headache due to eye-strain. Philad. med. News. LXI. 15. Oct. 1892.

Bum. Rud.. Ueber die Wirkung des Phenocollum hydrochloricum. Wiener med. Pr. XXXIII. 20—22. 1892.

Cheney, Fred. E., Ocular headaches. Boston med. and surg. Journ. CXXVII. 1. p. 10. 1892.

Collins. Joseph, A contribution to the study of headaches, with particular reference to their etiology and treatment. New-York med. Rec. XLI. 14. April 1892.

Féré, Ch., De l'état de mal migraineux. Revue de Méd. XII. 1. p. 25. 1892. (Vgl. Schmidt's Jahrb. CCXXXIII. p. 239.)

Hammond, Graeme M., Antipyrine for the relief of headaches. Journ. of nerv. and mental dis. XVII. 4. p. 282, 1892.

Navarre, Migraine par auto-intoxication. Lyon méd. LXIX. p. 323. Mars 1892.

Seguin. E. C.. Vorlesungen über einige Fragen in d. Behandlung der Neurosen. Deutsch von Wallach. Leipzig 1892. G. Thieme. (Vgl. Schmidt's Jahrb. CCXXXVIII. p. 102.)

Sonntag, O., Die Migräne, der congestive und der nervöse Kopfschmerz. Wiesbaden 1892, Sadowsky. 41 S. 80 Pfg.

Standish, Myles, Ocular headaches etc. Boston med. and surg. Journ. CXXVII. 14. Oct. 1892.

Thomas, Migraine ophthalmique associée de nature hystérique chez l'enfant. Revue méd. de la Suisse rom. XII. 12. p. 800. 1892.

Walton. G. L.. and C. F. Carter, Eye strain and headache. Philad. med. News. LX. 12. p. 309. March 1892.

Zacher, Th.. Ueber einen Fall von Migraine ophthalmique mit transitorischer epileptoider Geistesstörung. Berliner klin. Wochenschr. XXIX. 20. 1892. (Vgl. Schmidt's Jahrb. CCXXXVI. p. 20.)

Auld, A. G., Hemicrania hysterica. Lancet. I. 15. April 1893.

Campbell, Harry, Headache considered in relation to certain problems in cerebral physiology. Brit. med. Journ. April 8, 1893.

Campbell, Harry, What constitutes the aching structure of headache? Lancet. II. 4. July 1893.

Guinon, G., et Raichline, Etude clinique sur l'aura de l'accès épileptique. Clinique des maladies du système nerveux. Leçons, mémoires etc. du prof. Charcot. Tome II. p. 389. 1893. (p. 401 Fälle von visueller Aura. Augenmigräne.)

Guthrie, Leonard C., On migraine. Lancet. I. 3. p. 139. Jan. 1893.

Manz, Ueber das Flimmerscotom. Neurol. Central-Bl. XII. 14. 1893.

Mingazzini, G., Sui rapporti fra l'emicrania oftalmica e gli stati psicopatici transitori. Riv. sperim. di freniatria. XIX. 2 e 3. 1893. Ref. Centr.-Bl. f. Nervenheilk. XVI. p. 162. 1894.

Neale, Richard, and Bays, James, Some cases of neuralgia and migraine treated by the use of the percuteur. Lancet. II. 19. Nov. 4, 1893.

Overlach, Martin, Migränin. Deutsche med. Wochenschr. XIX. 47. 1893. [M. ist ein Gemisch von Antipyrin, Coffein und Citronensäure.]

Wallace, Alex., On migraine. Lancet. I. 2. Jan. 1893.

Betz, Friedr., Migräne bei einem 13 Monate alten Mädchen. Memorabilien. XXXVIII. 2. pag. 79. 1894.

Gradle, H., The causes and treatment of migraine. Med. News. LXIV. 9. March 3, 1894.

Begriffsbestimmung.

Bei allen Darstellungen kann man entweder so zu Werke gehen, dass man zunächst das Thatsächliche darlegt, die schon vorhandenen Meinungen bespricht und nach Ausschaltung der anderen die eigene Meinung als Frucht des Unternehmens auftischt, oder so, dass man zuerst die eigene Meinung ausspricht und dann sie durch Hinweis auf Thatsachen und Ueberlegungen begründet. Ich wähle hier den zweiten Weg als den kürzeren. —

Die Krankheit Migräne ist gewöhnlich eine Form der ererbten Entartung. Sie entsteht in der grossen Mehrzahl der Fälle durch gleichartige Vererbung und ist eine krankhafte Veränderung des Gehirns (hemikranische Veränderung), vermöge deren der Kranke von Zeit zu Zeit bald ohne nachweisbare Veranlassung, bald auf diese oder jene Veranlassung hin Migräneanfälle bekommt.

Die Form der Migräneanfälle ist nicht immer dieselbe. Allen gemeinsam ist nur, dass sie in ganz oder vorwiegend einseitigen Parästhesien durch cerebrale Vorgänge bestehen. Ein vollständiger Anfall besteht aus Vorläufererscheinungen, Aura, Kopfschmerz und Erbrechen. Häufiger sind die unvollständigen Anfälle, bei denen bald nur Kopfschmerz oder nur Kopfschmerz mit Erbrechen oder Uebelkeit, bald nur die Aura auftritt, oder doch das Hauptstück des Anfalles ausmacht. Die Anfälle können gehäuft vorkommen: Status hemicranicus.

Ausser als Symptom der Krankheit Migräne, deren einziges Zeichen sie sind, können die Migräneanfälle als Symptom anderer Gehirnkrankheiten neben den übrigen Zeichen dieser beobachtet werden.

———

I. Ueber die Ursachen der Migräne.

Um über die Bedingungen, unter denen die Krankheit Migräne vorkommt, einigermaassen bestimmte Angaben machen zu können, habe ich aus meinen Krankenbüchern 130 Migränefälle ausgeschrieben, ohne Auswahl, wie die Kranken gerade sich eingestellt hatten.

1. **Geschlecht.** Unter meinen Kranken waren 40% männlich, 60% weiblich, also 1:1·5. Dass die Migräne unter den Weibern häufiger sei als unter den Männern, wird allgemein angegeben, doch wird oft das Uebergewicht der Weiber zu sehr betont. Liveing (p. 22) hat ein Verhältniss von 4:5 gefunden (41 Männer, 52 Weiber). Es handelt sich dabei um ausgewählte, zum Theil aus der Literatur zusammengestellte Fälle. Er gibt an, dass Dr. Symonds von Bristol unter 90 Kopfschmerzkranken 76 Weiber gezählt habe. In Henschen's Tabelle finden sich nur 15 Männer neben 125 Weibern. Nach Thomas zählte Francis Warner unter 58 migränekranken Kindern 25 männliche, 33 weibliche. Sicher falsch ist die Angabe Eulenburg's, auf fünf Weiber komme ein Mann (er bezieht sich dabei nur auf 15 Fälle!). Auch Gowers betont, dass die Ueberzahl der Weiber oft sehr übertrieben angegeben werde.

2. **Stand.** Von meinen 130 Kranken gehörten 26, das heisst gerade der fünfte Theil, den bemittelten Classen an. Die grosse Mehrzahl bestand aus sogenannten Handarbeitern, Handwerkern, Unterbeamten, beziehungsweise ihren Familiengliedern. Man kann wohl annehmen, dass der Stand ohne wesentliche Bedeutung sei. Ob etwa die Beschäftigung im Freien einen gewissen Schutz gewähre, lässt sich nicht mit Bestimmtheit sagen, denn es versteht sich von selbst, dass in der Stadt die meisten Leute vorwiegend im geschlossenen Raume leben. Doch sind unter den Kranken auch Erdarbeiter, Maurer, ja Bauersleute und Soldaten fehlen nicht.

Demnach halte ich es für falsch, zu behaupten, die Migräne sei besonders den sogenannten oberen Classen eigen, was zum Beispiel Thomas thut. Auch die Behauptung, die Migräne befalle besonders Kopfarbeiter, ist nicht richtig. Zweifellos ist die Art der Beschäftigung und der Lebensweise für die Häufigkeit der Anfälle von Bedeutung, nicht aber für das Vorhandensein der hemikranischen Veränderung. Bei der grossen Häufigkeit der Migräne überhaupt ist ihre Häufigkeit auch bei den Kopfarbeitern wohl selbstverständlich und die Lebensführung dieser ist geeignet, die Anfälle besonders häufig und schwer zu machen. Thatsächlich haben viele berühmte Leute an Migräne gelitten, wahrscheinlich viel mehr als wir wissen, da allein unter den Aerzten soviele durch das Uebel veranlasst worden sind, sich selbst zu beschreiben. Die folgende Liste enthält einige der bekannteren Migränepatienten: G. Airy, Brewster, Charcot, Dubois-Reymond, Fordyce, Förster, Fothergill, Haller, J. Herschel, Ch. Lepois, Lebert, Linné, Listing, Manz, Marmontel, Mirabeau, Parry, Piorry, die Pompadour, Rilliet, Ruete, Schirmer, Spalding, B. Travers, G. Voigt, Wollaston, Zehender.

3. Lebensalter. Bei einer Krankheit, die nach den Angaben Aller fast immer in der Jugend beginnt, hat es keinen Sinn, das Durchschnittsalter der Behandelten anzugeben. Dagegen ist es bemerkenswerth, dass nur 12 Kranke älter als 50 Jahre waren. Die ältesten Patienten waren zwei 62jährige Frauen.

Darüber, wann die ersten Anfälle aufgetreten sind, kann ich wenig bestimmtes sagen. Die Angaben der ungebildeten Leute sind gar zu unzuverlässig. Am häufigsten hört man: »seit der Kindheit«, »seit der Schulzeit«, »als ich ein junges Mädchen war«. Viele sagen mit grosser Sicherheit: »seit drei Jahren«, oder »seit 10 Jahren« u. s. f.; fragt man genauer, so ergibt sich fast immer, dass zur angegebenen Zeit ein besonders starker Anfall aufgetreten ist, oder dass seitdem die Anfälle schlimmer geworden sind, dass aber schon viel früher einzelne oder leichtere Anfälle vorgekommen sind. Ich habe den Eindruck gewonnen, dass die Krankheit um so früher begonnen hat, je eindringlicher man fragt, oder je gebildeter die Kranken sind. Als frühesten Beginn finde ich 3½ Jahre genannt. Dabei ist aber zuzugeben, dass in einzelnen Fällen die Krankheit sich im reifen Alter zum ersten Male zeigen kann. Zum Beispiel gab eine 33jährige Arbeitersfrau mit grosser Bestimmtheit an, dass sie vor zwei Jahren, nach langem Stillen ihren ersten Anfall gehabt habe; ein Arzt behauptete, vor dem 30. Jahre nie einen Anfall gehabt zu haben; eine 54jährige Frau wollte vor der Menopause ganz gesund gewesen sein (?).

Die meisten Autoren geben übereinstimmend an, dass die Migräne fast immer in der Jugend, oft in der Kindheit beginne. Living fand unter 49 ausgesuchten Fällen in 16 den Beginn vor dem 11. Jahre, in 19 zwischen dem 11. und dem 21. Jahre, in 12 zwischen dem 21. und dem 30. Jahre, in zwei nach dem 30. Jahre, und zwar als spätesten Beginn das 36. Jahr. Er meint, dass hauptsächlich 3 Termine von Bedeutung seien, die zweite Zahnung, das Mannbarwerden, der Eintritt in die Arbeiten und Sorgen des Lebens. Das klingt ja ganz einleuchtend, aber beweisen lässt es sich kaum. Ebensowenig scheint mir die Angabe Bystrow's (Thomas, p. 71) bewiesen zu sein, nach der die Schule einen grossen Einfluss auf die Entwicklung der Migräne haben soll. Da in jedem Lebensjahre zum ersten Male Migräneanfälle auftreten, ist es natürlich, dass in den höheren Schulclassen mehr an Migräne leidende Kinder gefunden werden, als in den unteren. Francis Warner macht (bei Thomas) folgende Angaben.

Der erste Anfall trat auf

im Alter von					bei männlichen	bei weiblichen
im Alter von		3—4	Jahren		—	1
»	»	5—6	»		2	2
»	»	»	6—7	»	8	1
»		»	8—9	»	1	5
»		»	9—10	»	2	5
»		»	10—11	»	2	4
»	»	»	11—12	»	4	2
»	»		12—13	»	1	4
»	»	»	13—15	»	—	15

Nach dieser Tabelle ist die erste Menstruation bedeutungsvoll. Auch ich habe sie oft beschuldigen hören. Aber bei der Neigung der Weiber, alles mit den Vorgängen im Geschlechtsleben in Beziehung zu setzen, sind gewiss viele solche Angaben unzuverlässig, insofern als frühere Anfälle nicht berücksichtigt sind.

Gowers sagt: In der Regel beginnt die Migräne in der ersten Lebenshälfte, etwa in einem Drittel der Fälle im späteren Kindesalter, zwischen 5 und 10, in etwa zwei Fünfteln zwischen 10 und 20 und im Uebrigen zwischen 20 und 30. Die Perioden in der richtigen Reihenfolge sind: späteres Kindesalter, Zeit der Pubertät, Zeit nach der Pubertät.

4. Erblichkeit. a) Gleichartige Vererbung. Angaben über die Frage, ob nähere Verwandte auch an Migräne gelitten haben, finde ich in 127 Krankengeschichten. 30 Kranke konnten keine bestimmte Antwort geben, 10 erklärten bestimmt, ihre Angehörigen hätten keine Kopfschmerzen, 87 gaben an, eins der Eltern oder Geschwister hätten auch an Migräne gelitten. Von diesen 87 hatten 61 eine migränekranke Mutter, 17 einen migränekranken Vater, bei 9 wurde nur angegeben, dass eins oder einige der Geschwister Migräne hätten. Demnach fand sich, wenn von den 30 Unbestimmten abgesehen wird, bei 90% der Kranken Migräne unter den nächsten Angehörigen. Man bedenke einen Augenblick, was diese Zahl besagt. Es gibt einfach keine andere Krankheit, bei der die gleichartige Vererbung eine solche Rolle spielte (etwa abge-

sehen von der Myotonia congenita und einigen Seltenheiten). Ch. Féré [1]) fand unter 308 epileptischen Männern 153 mit Epileptischen unter den Verwandten (ascendants, collatéraux, déscendants), unter 286 epileptischen Weibern 136 mit epileptischen Verwandten. Gilles de la Tourette [2]), der behauptet, es gäbe keine Nervenkrankheit, bei der die Hérédité directe eine grössere Rolle spiele, als bei der Hysterie, gibt keine eigene Statistik, sondern bezieht sich auf die Angabe Briquet's, dass die Hälfte der hysterischen Mütter hysterische Kinder habe. Nach Briquet waren unter den 1103 nahen Verwandten von 351 Hysterischen 214 Hysterische. Höhere Zahlen hat Hammond; unter 209 Hysterischen hatten 131 hysterische Mütter, Tanten oder Grossmütter. Batault fand in der Salpêtrière unter 100 hysterischen Männern 77 erblich belastete und unter diesen 77 bestand bei 56 Hérédité directe. Wie aus den angeführten Zahlen hervorgeht, ist bei der Epilepsie und bei der Hysterie, an die man zunächst denkt, die gleichartige Vererbung nicht entfernt so häufig, wie bei der Migräne. Ich muss aber zu den Zahlen noch Folgendes hinzufügen. Es liegt in der Natur der Sache, dass die Statistik zu niedrige Zahlen liefert, denn die meisten Menschen, ihren guten Willen vorausgesetzt, wissen so ausserordentlich wenig von ihren Angehörigen, dass sie über leichtere Krankheiten nur wenig aussagen können. Wenn man es selbst so und so oft erlebt hat, dass die Kranken über ihre eigenen Erfahrungen, sofern diese weit zurückliegen, ganz im Irrthume sind, zum Beispiel Migräneanfälle ableugnen, von denen ihre Kinder mit aller Bestimmtheit erzählen, so wundert man sich nicht mehr, wenn sie über ihre Angehörigen nur höchst mangelhafte Angaben machen. Je gebildeter die Leute sind, um so mehr wissen sie in der Regel von der Migräne in ihrer Familie zu erzählen. Man muss den Patienten Zeit lassen, sich zu besinnen und sich zu erkundigen; oft wird bei der ersten Untersuchung alles abgeleugnet, während bei wiederholter Befragung mehr und mehr zu Tage kommt. Wahrscheinlich sind die folgenden Beispiele gar keine Seltenheiten. Ein 35 jähriger Patient, dessen Mutter früh gestorben war, hatte sieben Schwestern, die alle auch an Migräne litten. Die 18 jährige Tochter eines Arztes gab an, ihr Vater und alle ihre fünf Geschwister litten an Migräne. Eine 32 jährige Arbeitersfrau, die seit früher Kindheit an Migräne litt, erzählte, dass ihre Mutter und deren Mutter ebenso wie ihre sechs Geschwister die gleiche Krankheit hätten. Ein 24 jähriger Mann behauptete, seine Eltern und Geschwister seien gesund, aber die Mutter der Mutter und sein dreijähriges Söhnchen hätten genau dieselben Anfälle wie er. Die Mutter und die Grossmutter eines 42 jährigen, seit der Kindheit

[1]) Les épilepsies. Paris 1890, p. 241.
[2]) Traité de l'hystérie. Paris 1891, I, p. 37.

an Migräne leidenden Schaffners waren krank gewesen, seine beiden Töchter waren ebenfalls seit der Kindheit krank. Am häufigsten hört man: »ja, meine Mutter und ihre Mutter hatten es auch.«

Die Autoren sind darüber einig, dass die Migräne sehr oft vererbt wird, aber die wenigsten geben Zahlen an. Liveing fand bei 26 von 53 Kranken, dass die Migräne eine Familienkrankheit war. Diese 26 Kranken hatten 40 nahe Verwandte mit Migräne. Nach Liveing hat Symonds unter 90 Kopfschmerzkranken 40 gefunden, deren Eltern ebenso gelitten hatten. Nach Thomas zählte Soula unter 64 Kranken 14mal Migräne bei den Eltern, beschrieb Sarda Migräne bei vier Generationen. Gowers sagt: »Die Migräne ist in hohem Grade erblich, in mehr als der Hälfte der Fälle kann die Heredität nachgewiesen werden, und zwar meist eine directe, das heisst, dass andere Glieder der Familie (sehr häufig Vater oder Mutter) ebenfalls an Hemikranie leiden.«

b) Anderweitige Nervenkrankheiten der Verwandten. Ueber solche finde ich in meinen Notizen wenig angegeben, was zum Theil meine eigene Schuld sein mag, da es mir vorwiegend darauf ankam, die Häufigkeit der gleichartigen Vererbung festzustellen, eine vollständige Anamnese aber mehr Zeit erfordert, als ich oft anzuwenden hatte. Ausser der häufiger wiederkehrenden Angabe, dass eins der Eltern und Geschwister oder andere Verwandte »nervös« seien, wird nur gesagt, dass die Mutter je einmal an Epilepsie, an Demenz, an Morbus Basedowii litt. In einigen Fällen habe ich den Stammbaum der »nervösen Familie« kennen zu lernen gesucht: gewöhnlich litten die migränekranken Glieder und andere Glieder der Familie an den leichten Formen der Entartung: Nervosität, leichte Hysterie und Hypochondrie, Zwangsvorstellungen u. s. w.

Ergiebiger als meine Erfahrungen sind die anderer Autoren. Besonders merkwürdig sind die Angaben über die Häufigkeit der Migräne bei den Verwandten der Epileptischen. Dejerine[1]) sagt, dass unter den Ascendenten von 350 Epileptischen Bourneville's 24·5°/₀ an Migräne, 21·2°/₀ an Epilepsie, 51·6°/₀ an Alkoholismus litten. Unter den eigentlichen Nervenkrankheiten der Verwandten der Epileptischen überhaupt steht die Migräne an der ersten Stelle. Bei Féré (l. c.) hat ebenfalls die Migräne die grössten Zahlen. Unter den Verwandten von 308 epileptischen Männern litten an Migräne 88mal der Vater, 115mal die Mutter, 160mal männliche, 132mal weibliche Seitenverwandte, 40mal Kinder. Bei 286 epileptischen Weibern waren die entsprechenden Zahlen 56, 74, 90, 76, 74. Liveing führt unter den Migränekranken seiner Tabelle 12 an, in deren Familie andere Nervenkrankheiten (Neuralgien, Irrsinn, Epilepsie) zu Hause waren.

Wenn auch die meisten Autoren keine Zahlen angeben, so stimmen sie doch darin überein, dass sie die Häufigkeit der indirecten,

---

) L'hérédité dans les maladies du système nerveux. Paris 1886, p. 115.

beziehungsweise metamorphosirenden Vererbung bei Migräne betonen. Besonders Charcot und seine Schüler werden nicht müde, darauf hinzuweisen, dass in der »Famille névropathique« ein Glied das andere vertreten könne, dass die ererbte Anlage bald als Hysterie, bald als Epilepsie, bald als Migräne sich kundgeben könne. Wenn ich auch nach der sub *a*) gegebenen Darlegung dieser Auffassung nicht zustimmen kann, so hat sie doch offenbar eine thatsächliche Unterlage insoweit, als in den Familien der Migränekranken nicht selten andere Nervenkrankheiten vorkommen.

5. **Andere Krankheiten bei den Migränekranken und ihren Verwandten.** Aus eigener Erfahrung kann ich, abgesehen von dem Nachweise der Nervosität, nichts Wesentliches beibringen. Es gab unter den Patienten grosse und kleine, dicke und dünne, blasse und rothe, und ich glaube, dass die Migräne weder mit der sogenannten Constitution oder dem Habitus, noch mit anderen Krankheiten irgend eine nachweisbare Beziehung habe. Nichtsdestoweniger ist es nöthig, über den angeblichen Zusammenhang zwischen Migräne und Gicht, beziehungsweise Rheumatismus, ein paar Worte zu sagen. Englische und französische Aerzte haben über diesen Zusammenhang lange Erörterungen angestellt. Da meiner Ueberzeugung nach nichts an der Sache ist, verzichte ich darauf, jene wiederzugeben. Berühmt geworden ist Trousseau's ebenso kühner wie unrichtiger Ausspruch: »Migräne und Gicht sind Schwestern.« Wenn in einem Lande sowohl die Migräne als die Gicht häufig ist, hat es nichts Ueberraschendes, beide Krankheiten in derselben Familie oder bei demselben Menschen zu treffen. Ehe man aber einen ursächlichen Zusammenhang annahm, hätte man sich nach den Verhältnissen in Ländern, wo die Gicht selten ist, erkundigen sollen. Bei uns ist die Migräne häufig, die Gicht selten. Ich habe niemals einen Migränekranken gesehen, der Gicht gehabt oder bekommen hätte, habe nie ein Wort von Gicht in der Familie gehört. Ein einziges Mal trafen sie zusammen: da hatte der Mann die Gicht, die Frau die Migräne. Ganz ebenso grundlos wie die Gicht scheint mir der »Rheumatismus« mit Migräne zusammengebracht zu werden. Die Autoren beziehen sich besonders auf zwei Formen, den chronischen Gelenkrheumatismus und den chronischen Muskelrheumatismus. Charcot sprach hauptsächlich vom -Rhumatisme noueux. Von 30 daran leidenden alten Weibern hatten 12 Migräne, ferner hat er beobachtet, dass die Migräneanfälle wegblieben, wenn die Gelenkschwellungen auftraten. Ich bezweifle durchaus nicht, dass man in Siechenhäusern oft Arthritis deformans und Migräne nebeneinander findet, und sehe auch in dem zeitlichen Verhältnisse nichts Wunderbares, da doch überhaupt die Migräne in den späteren Jahren, in denen die Fingerknoten sich entwickeln, oft aufhört. Aber ich sehe nicht ein, warum innere Beziehungen zwischen Migräne und Arthritis bestehen sollen. Ganz merkwürdige Angaben hat Henschen gemacht:

Er fand bei 106 von 140 Migränekranken Verdickungen unter der Haut.
Fibröse Knoten oder Knötchen sollen in und unter der Haut des Schädels,
des Nackens, an den Muskeln und Sehnen sitzen, gegen Druck sehr empfindlich und rheumatischen Ursprungs sein. Man müsse sie mit grosser
Sorgfalt suchen. Andere nordische Aerzte, beziehungsweise Masseure haben
Aehnliches berichtet und neuerdings hat auch O. Rosenbach zwar nicht
Knoten, aber doch schmerzhafte Stellen an den Kopf- und Halsmuskeln
bei Migräne gefunden, die ihn zur Aufstellung einer »myopathischen Form«
der Migräne veranlasst haben. Es ist mir bekannt, dass die Masseure
eigentlich überall Knoten finden, trotzdem verstehe ich es nicht, wie Henschen
zu seinen Angaben gekommen ist. Ich habe niemals etwas von Verdickungen,
Knoten, Knötchen, Strängen wahrnehmen können. Wenn während des
Anfalles diese oder jene Stelle am Kopfe oder Halse empfindlich ist, was
wohl vorkommt, so haben wir es eben mit einer Wirkung des Anfalles,
nicht mit einer »rheumatischen« Veränderung, die Ursache der Anfälle
wäre, zu thun. Kurz, ich kann sowohl in der rheumatischen als in der
gichtischen Migräne nur ein Ergebniss vorgefasster Meinungen sehen und
leugne entschieden jeden thatsächlichen Zusammenhang.

Dagegen ist von theoretischem und praktischem Interesse die Thatsache, dass die meisten Migränekranken »nervöse« Menschen sind. Es
hat wenig Sinn, über diese Dinge Zahlenangaben zu machen. Erst die
eingehendere Beschäftigung mit den Kranken, die natürlich nur bei einer
Minderzahl möglich ist, zeigt, dass fast immer die Migräne, ich will nicht
sagen auf dem Grunde der Nervosität erwächst, aber mit den zahlreichen
Zeichen der angeborenen Nervosität zusammen besteht. Da die Migräne eine
angeborene nachtheilige Abweichung vom Typus darstellt, ist sie selbstverständlich eine Form der Entartung, aber ihr fast regelmässiges Zusammentreffen mit der häufigsten und leichtesten Form der Entartung,
das heisst eben der Nervosität, zeigt einestheils, dass die Migräne nichts
für sich ist, sondern nur eine Abart der Nervosität, anderntheils, dass in
der Rangordnung der Entarteten die Migränekranken in die obersten
Classen (Dégénérés suprêmes könnte man im Anschlusse an Magnan's
Terminologie sagen) gehören. Es wird oft der Einwand gemacht, bei Nervosität u. s. w. dürfte man doch nicht von Entartung reden, dieser Ausdruck
passe blos bei Idiotie, bei dem sogenannten degenerativen Irresein u. s. w.
Nervosität, Migräne und ähnliche Sachen kämen doch auch bei »sonst
ganz gesunden Leuten« vor. Nun wird man allerdings aus Gründen der
Humanität wohl thun, wenn man den Kranken gegenüber nicht von Ent-
artung spricht, weil es so schrecklich klingt. Aber in wissenschaftlicher
Verhandlung hat doch dergleichen kein Recht. Nur wer sich nicht besinnt,
kann den Zusammenhang zwischen dem Idiotismus und den leichtesten
Formen der Nervosität verkennen. Die »ganz gesunden Leute«, auf die

hingewiesen wird, sind eben sammt und sonders auch in gewissem Grade entartet. Wer von uns ist denn ganz gesund? Dass wir alle, mit seltenen Ausnahmen, auch zu den Dégénérés gehören, ist eine überaus wichtige Erkenntniss, und ich meine, der hat keine wahrhaft ärztliche Auffassung, der nur in der Krankenstube Kranke findet. Ein schlagender Beweis für die allgemeine Entartung ist, nebenbei gesagt, die unsägliche Hässlichkeit der meisten Menschen, ein Signum degenerationis, das man ohne Maassstab und Tasterzirkel wahrnehmen kann.

6. **Individuelle Ursachen der Migräne.** Dass Einwirkungen auf das Individuum ausreichen, um Migräne zu erzeugen, das wird wenigstens für möglich gehalten werden müssen. Es fragt sich, welche Ursachen der Krankheit in den Fällen vorlagen, in denen eine erbliche Anlage verneint wurde. Von den 10 Kranken, deren Familie angeblich gesund war, konnten einige über die Ursache ihrer Krankheit gar keine Angabe machen. Einer, ein 39 jähriger Mann, beschuldigte einen Sturz, den er vor drei Jahren erlitten hatte. Ein Jahr nach dem Unfälle hatte sich eine stets rechts auftretende Augenmigräne eingestellt, die alle vier bis sechs Wochen wiederkehrte. Zeichen von Hysterie oder von einer groben Nervenkrankheit fehlten. Mehrere sahen in einer Infectionskrankheit den Ursprung ihres Uebels. Ein 13 jähriger Arbeitersohn hatte vor zwei Jahren Typhus gehabt und litt seitdem wöchentlich an typischer Migräne. Auch ein 32 jähriger Briefträger bezog sich auf ein schweres im 11. Lebensjahre durchgemachtes »Nervenfieber«; ein Jahr später sei die Migräne aufgetreten. Endlich litt die 12 jährige Tochter eines Arbeiters seit dem vor einem Jahre überstandenen Scharlach an Migräne.

Auf ein Trauma wurde die Migräne nur in jenem einen Falle bezogen, dagegen kehrten die Angaben über ursächliche Infectionskrankheiten auch in solchen Fällen wieder, in denen die erbliche Anlage vorhanden war. Ich gebe einige Beispiele. Nr. 114. 14 jähriger Lehrling, dessen Mutter und Grossmutter an Migräne litten: vor acht Jahren Masern: seitdem alle vier Wochen Migräne. Nr. 107. 27 jähriger Schlosser, dessen Mutter an Migräne litt; im achten Jahre Scharlach: seitdem alle zwei bis drei Wochen Migräne. Hier ist vielleicht folgender Fall anzuschliessen. Nr. 21. 27 jährige Frau, deren Mutter an Migräne litt: im 19. Jahre Abortus, seitdem schwere Migräne. Natürlich nannten die Kranken gelegentlich die Umstände als Ursachen der Krankheit, denen wir als Ursachen der Anfälle wieder begegnen werden: den verdorbenen Magen, Ueberanstrengung, Aerger, Störungen der Menstruation u. s. w. Ich will darauf hier nicht weiter eingehen. —

Aus den bisherigen Erörterungen ergibt es sich, dass die Migräne eine sehr häufige, bei beiden Geschlechtern und in allen Ständen vorkommende Krankheit ist, die in der grossen Mehrzahl der Fälle in der Kindheit oder

Jugend ohne nachweisbare individuelle Ursache beginnt und ebenfalls in der grossen Mehrzahl der Fälle bei den nächsten Verwandten der Kranken angetroffen wird. Es ist daher der Schluss gerechtfertigt, dass fast immer die Ursache der Krankheit in der Migräne der Ascendenten bestehe. Ich glaube nicht, dass über die grosse Bedeutung der gleichartigen Vererbung ein ernsthafter Zweifel bestehen könne. Die Schwierigkeit entsteht erst bei der Frage, ob die ererbte Anlage die conditio sine qua non sei. Von vorncherein könnte man geneigt sein, diese Frage zu bejahen. Denn, wenn man in acht oder neun Fällen von zehn dieselbe Ursache einer Erscheinung findet, scheint es vernünftiger zu sein, sie auch in den unklar bleibenden Fällen vorauszusetzen, als anzunehmen, dass in der kleinen Minderzahl der Fälle eine ganz andere Ursache bestehe als in der grossen Mehrzahl. Aber hier, wo es sich um Vererbung handelt, liegt die Sache doch anders. Die Vererbung ist nicht eine Schraube ohne Ende: das, was vererbt wird, muss irgend einmal entstanden sein, entweder vom Individuum erworben oder durch ein besonderes Verhältniss der Keimstoffe zu einander hervorgerufen worden sein. Freilich ist diese Erwägung sozusagen transscendent, führt über die Möglichkeit der Erfahrung hinaus. Man kann sagen, so weit die Beobachtung reicht, ist die Migräne ererbt, was jenseits der Beobachtung liegt, geht uns nichts an. Aber damit ist der Einwurf nicht widerlegt: dass die Migräne einmal anfangen muss, bleibt ein Postulat der Vernunft. Und weiterhin, es ist gar nicht sicher, dass wir den Anfang der Migräne nicht beobachten können. Nehmen wir an, ein Erwachsener aus einer nachweisbar migränefreien Familie erkranke nach einer Einwirkung, der man vernünftigerweise, d. h. in Uebereinstimmung mit der allgemeinen Pathologie, die Hervorrufung der hemikranischen Veränderung zutrauen darf, so bliebe nur der Einwand, hier handle es sich um eine andere Art der Gehirnveränderung als bei der gewöhnlichen ererbten Migräne. Auch dieser Einwand würde sehr an Kraft verlieren, wenn die erworbene Migräne bei den Kindern des Erwerbers wiederkehrte und sich in den folgenden Geschlechtern ganz so betrüge wie die gewöhnliche Migräne. Bisher hat man sich allerdings die Sache zu leicht gemacht. Die meisten Autoren nehmen ohne Bedenken an, die Migräne könne bald ererbt, bald erworben sein, ja Viele scheuen sich gar nicht, als Ursachen der hemikranischen Veränderung, gerade wie die Patienten selbst, die alltäglichsten Dinge, Erkältung, geistige Anstrengung, die Menstruation und was weiss ich, zu nennen. Es ist daher kein Wunder, dass einwandfreie Beobachtungen kaum vorliegen. Solche könnten nur mit grosser Mühe beschafft werden, und diese Mühe wird sich der nicht geben, der die Schwierigkeit gar nicht anerkennt. Man müsste sich zunächst eine genaue Kenntniss der Familie des Kranken erwerben, da dessen blosse Versicherung, seine Verwandten seien nicht migränekrank, nicht genügen kann. Man müsste zweitens glaubhafte Ursachen der erworbenen Migräne nennen. In jener Hinsicht sind meine vorhin angeführten Beobachtungen mangelhaft: ich war auf die Aussagen der Kranken angewiesen. Dagegen scheint mir die in einigen meiner Fälle angegebene Ursache, nämlich die Nachwirkung einer Infectionskrankheit, glaubhaft zu sein. Man muss sich doch, was später genauer zu erörtern ist, vorstellen, dass die hemikranische Veränderung eine ganz umschriebene Gehirnläsion darstelle. Offenbar aber kann nach unserer jetzigen Auffassung eine solche am ehesten durch Toxine, von denen wir wissen, dass sie zu bestimmten Zellen eine Wahlverwandtschaft haben, zu Stande kommen. Wie eine Erkältung, wie geistige Thätigkeit, wie Störungen der Menstruation und Veränderungen des Blutumlaufes bei einem bis dahin wirklich gesunden Menschen eine so eigenthümliche Gehirnläsion bewirken sollten, das scheint mir unbegreiflich, und ich verstehe nicht, dass man an so fabelhaften Vorstellungen noch festhalten kann. In meinen Fällen handelte es sich um Typhus und Scharlach. Es ist natürlich nicht ausgeschlossen, dass andere Infectionskrankheiten ebenso wirken. Gowers erwähnt einen Fall, in dem die Migräne nach Malaria entstanden zu sein schien. Die Möglichkeit einer Infection, die sich nur durch die hemikranische Veränderung kundgäbe, sei wenigstens erwähnt. Ob endlich die anscheinend erworbene Migräne der ererbten auch insoferne gleicht, als sie vererbbar ist, vermag ich bis jetzt nicht zu sagen.

Die theoretisch anmuthende Vorstellung, dass die Migräne entstehen könne durch das Zusammentreffen zweier Keimstoffe, vor denen einer oder die beiden von der Norm abwichen, ohne doch Träger der hemikranischen Veränderung zu sein, scheint mir noch der thatsächlichen Unterlage zu entbehren. Die ungleichartige oder umwandelnde Vererbung wird zwar vielfach behauptet und als eine Sache angesehen, über die die Acten abgeschlossen seien, aber soviel ich sehe, sind die Autoren bei der allgemeinen Versicherung, dass es so sei, stehen geblieben. Ich selbst habe die Umformung anderer nervöser Störungen zur Migräne des Kindes nicht mit Sicherheit beobachtet. Es kommt ja nicht nur darauf an, zu zeigen, dass diese oder jene Neurosen in der Familie vorgekommen sind, sondern auch darauf, dass die Migräne selbst nicht vorgekommen ist. Jedoch will ich das Vorkommen der ungleichartigen Vererbung nicht leugnen.

Es ist also die Aetiologie der Migräne kein fertiges Capitel. Viel ist noch zu thun, aber manches kann erreicht werden, wenn man sich mehr in die klinische Untersuchung des einzelnen Falles vertieft, als man es bisher gethan hat.

II. Der Anfall.

1. Vorläufer-Erscheinungen sind in manchen Fällen vorhanden. fehlen in anderen ganz. Manche Patienten fühlen den Anfall am Tage vorher herannahen. weil sie müder, schlaffer als sonst oder ungewöhnlich reizbar, zornmüthig sind. Manche sollen sich im Gegentheile unmittelbar vor dem Anfalle besonders leicht und behaglich fühlen. besser essen als sonst. Ferner werden Frostschauer. Druck in der Magengegend. Magen- und Leibschmerzen. das Gefühl eines aufsteigenden Etwas, unerklärliche Angst. vereinzelte Stiche im Kopfe genannt. Ein Kranker sagte, er fühle allemal am Abend vorher ein Ziehen im Genick und müsse oft niessen. Bei der gewöhnlichsten Form der Migräne entwickelt sich offenbar während der Nacht der Anfall. Oft ist in dieser Nacht der Schlaf auf- fallend tief. die Kranken sagen. sie hätten »wie todt« geschlafen. Manche haben unangenehme Träume. Einer träumte. er habe ein Kaninchen ver- schluckt und dieses wolle sich durch die Magenwand herausfressen. Ich selbst habe einigemale in solchen Nächten weinen müssen. was mir sonst nie passirt. Einmal träumte mir, ich sei in Heidelberg. und als mir einfiel. am anderen Morgen würde ich wieder in Leipzig sein. brach ich in Thränen aus und wachte weinend auf. Am anderen Tage hatte ich arge Migräne.

Wenn der Anfall erst im Laufe des Tages beginnt, dauern die Vorläufer-Erscheinungen zuweilen wenige Stunden und stellen sich als unbestimmtes Unbehagen oder sonstwie dar. Einzelnen Kranken kann man den herannahenden Anfall ansehen: das Gesicht hat einen müden Ausdruck. die Züge sind gedehnt. vielleicht hängt das eine obere Lid etwas herab. Dabei brauchen die Patienten selbst noch gar nichts zu fühlen. Ein anderer wahrnehmbarer Vorläufer ist ein eigenthümlich fader, »pappiger« Geruch aus dem Munde. der zuweilen auch subjectiv bemerklich ist.

In der Mehrzahl der Fälle wissen die Kranken nichts von Vorläufer- Erscheinungen. Aber diese sind wahrscheinlich doch häufiger. als es scheint. weil die meisten Menschen in der Selbstbeobachtung nicht geübt sind. Hervorzuheben ist. dass die Vorläufer-Erscheinungen in den Fällen mit deutlicher Aura gewöhnlich fehlen.

2. Die Aura. Als Aura bezeichne ich verschiedene Parästhesien, die dem Kopfschmerze unmittelbar vorausgehen (ausnahmsweise folgen). Abgesehen von einigen wenigen Fällen, in denen das Gehör oder die anderen Sinne betheiligt waren, handelt es sich um Gesichtstäuschungen und um Parästhesien des Gefühlsinnes, die getrennt oder zusammen auftreten und mit gewissen seelischen Störungen verknüpft sind. Der Uebersichtlichkeit wegen muss ich die Symptome zuerst einzeln besprechen und kann erst dann ihr Verhältniss zu einander erörtern.

a) Die visuelle Aura ist das am meisten besprochene Symptom der Migräne, sie hat eine ganze Literatur hervorgerufen und die Ansichten über sie sind nicht nur in theoretischer Richtung, sondern auch in Hinsicht auf das Thatsächliche getheilt.

Fast immer ist die Sehstörung einseitig oder beginnt doch in einer Hälfte des Gesichtsfeldes. Es handelt sich darum, dass rechts oder links von der Mittellinie subjective Erscheinungen auftreten, die die Wahrnehmung mehr oder weniger hindern. Bald sehen die Kranken Nebel, bald wird ein Theil des Gesichtsfeldes schwarz, bald handelt es sich um leuchtende, aber ganz oder theilweise undurchsichtige Flecke, bald hemmt ein Funkenregen oder ein aus flimmerndem Stoffe gebildeter Schleier das Sehen, bald ist nur ein Scotom vorhanden, bald ist es von leuchtenden oder farbigen Figuren umgeben, bald ist das Ganze leuchtend. Bald entwickelt sich die Erscheinung am rechten oder linken Aussenrande des Gesichtsfeldes und wächst dann nach der Mittellinie zu, macht hier Halt, so dass eine Hälfte des Gesichtsfeldes erfüllt ist, oder schreitet weiter und nimmt das ganze Gesichtsfeld ein. Bald geht das Scotom von der Nähe des Fixirpunktes aus und schlägt die Richtung nach aussen ein. Bald endlich (wiewohl das sehr selten ist) wird die obere oder untere Hälfte des Gesichtsfeldes eingenommen.

Zuerst und am häufigsten beschrieben ist das Flimmerscotom (Scotoma scintillans. Teichopsia [Ausdruck Airy's, von τεῖχος = Mauer, weil die leuchtende Begrenzung des Scotoms an den Rand einer krenelirten Mauer erinnert]. Irisalgia nach Piorry). Hierher sind wohl alle Fälle zu rechnen, in denen eine Verdunkelung mit leuchtenden oder farbigen Randerscheinungen auftritt. Der Grad der Verdunkelung ist verschieden, schwarz, graubraun, grau, eine Wolke, ein Nebel, ein Schleier. Der Rand ist einfach hell, wie der helle Rand einer dunkeln Wolke, oder »goldig flimmernd«, oder er bildet ein Spectrum. Er bildet einen Bogen oder häufiger eine Zickzack-, eine Fortificationslinie. Nach Airy's berühmter Beschreibung trat etwas links von der Mittellinie ein dunkler Fleck auf, er wuchs und umgab sich mit einer Fortificationslinie in den Spectralfarben, bei weiterem Wachsthume hellte sich das Centrum des Scotoms wieder auf und auch der Rand schwand an der Aussenseite, so dass die linke Hälfte des

Gesichtsfeldes von einem nach aussen offenen Bogen erfüllt war, der aus einem Walle mit dem gezackten farbigen Rande bestand. Manz schildert das Phänomen als »ein theils relatives, theils absolutes Scotom, welches in der Nähe des Fixirpunktes beginnt und von hier aus vorwiegend nach einer Richtung sich ausbreitet als ein mehr oder weniger dünner Schleier, welcher stets von einer in verschiedenen Farben, besonders aber goldig flimmernden Zickzacklinie nach aussen begrenzt ist und, nachdem er die Grenzen des Gesichtsfeldes nach aussen, oben und unten erreicht hat, verschwindet«, beziehungsweise für kurze Zeit einen leichten Nebel zurücklässt. Die Lichterscheinungen nehmen gewöhnlich die Aufmerksamkeit der Kranken ganz in Anspruch, so dass sie geneigt sind, das Scotom, besonders wenn es schwach oder durchbrochen ist, zu übersehen. Sie sprechen dann von Blitzen, die sich ungemein rasch von oben nach unten bewegen, von tanzenden Feuerrädern oder glänzenden Kugeln u. s. w. Es ist nicht immer leicht zu entscheiden, ob die Lichterscheinungen alles sind, und es mögen wohl Uebergänge bestehen zwischen dem eigentlichen Flimmerscotom und den Fällen, in denen nur Lichterscheinungen auftreten. So wird angegeben, dass eine leuchtende Scheibe auftritt, die das Sehen verhindert, die aber, wenn sie eine gewisse Grösse erreicht hat, durchbrochen wird, ein leuchtender Ring und dann ein an den Grenzen des Gesichtsfeldes zerfliessender Kreisbogen wird. Vielleicht gehört hierher auch der von verschiedenen Beobachtern gebrauchte Ausdruck: »es ist ganz, als ob man in die Sonne gesehen hätte«. Andere Kranke erklären mit Bestimmtheit, dass sie nur Blitze, nur leuchtende Kugeln, nur farbige Linien sehen, die sie nicht mehr am Sehen behindern, als ein Feuerwerk es thun würde. Relativ häufig scheint es vorzukommen, dass die Kranken nur eine Anzahl leuchtender Punkte in oscillirender Bewegung sehen, die die Hälfte oder das ganze Gesichtsfeld einnehmen. »Es ist nur ein Flimmern«, hört man, »ich sehe weder etwas Dunkles, noch leuchtende Figuren.«

Wie von dem Flimmerscotom nur das Flimmern übrig bleiben kann, so kann auch ein Scotom ohne Lichterscheinungen auftreten. Man braucht sehr verschiedene Ausdrücke. Unter Blind-headache verstehen die Engländer alle Formen der Augenmigräne. Galezowski unterscheidet von dem Scotome scintillant die Hémiopie périodique und die Amaurose migraineuse. Féré spricht von Hémiopie transitoire. Auch der Name Amaurosis fugax ist in Gebrauch.

Ich würde es aus einem nachher zu erwähnenden Grunde vorziehen, nur von dem Migränescotom zu reden. Man könnte unterscheiden multiple, centrale Scotome, das Hemiscotom und das totale Scotom. Das einfache Scotom kann wie das Flimmerscotom in der Nähe des Fixirpunktes oder am Rande des Gesichtsfeldes entstehen und dann bis zu der ihm in jedem

Falle zukommenden Grösse wachsen, häufiger aber scheint es sich plötzlich einzustellen, derart, dass die Kranken mit einem Male bemerken, dass ihnen ein Theil des Gesichtsfeldes verdeckt ist. Besonders das Hemiscotom verhält sich oft so: plötzlich kann der Kranke die Dinge nur halb sehen, sei es, dass die rechte oder die linke, die obere oder die untere Hälfte fehlt. Beim Lesen fehlt der Anfang oder das Ende der Wörter, die Leute haben nur halbe Gesichter u. s. f. In selteneren Fällen fehlt es oben oder unten. Eine meiner Kranken, die nicht hysterisch war, sagte: »Wenn es kommt, haben die Menschen alle keinen Kopf.« Zuweilen kommen centrale Scotome vor, die natürlich die Kranken sehr belästigen und sie veranlassen, den Kopf zu drehen und zu wenden.[1]) Ebenfalls selten sind die zahlreichen Flecken. Eine Kranke Galezowski's sah im Anfalle, wenn sie lesen wollte, eine Menge brauner, 20 Centimes-grosser Flecken auf dem Papiere. In anderen Anfällen war bei ihr das Gesichtsfeld von Tausenden tanzender Schneeflocken erfüllt. In einigen Fällen wieder wurde das Gesichtsfeld durch das Scotom concentrisch eingeschränkt. Berbez erzählt von einem Kranken, der anfänglich gerade noch seine Uhr sehen konnte; dann verschwand der Rand mit den Zahlen und schliesslich sah der Kranke nichts mehr, als die Stelle, wo die Zeiger befestigt sind. Am seltensten ist wohl das totale Scotom, bei dem es zu vollständiger Blindheit kommt, ein grauer, dicker, unbeweglicher Nebel alles Sehen unmöglich macht. Galezowski theilt mehrere Fälle dieser Art mit, theils ist nur von Blindheit die Rede, theils füllten leuchtende Erscheinungen das Sehfeld aus.

Bei demselben Kranken können zu verschiedenen Zeiten verschiedene Formen des Migränenscotoms auftreten. Die Variationen der visuellen Aura sind so zahlreich, dass die Beschreibung, wenn sie auf alle einginge, kein Ende fände. Ueberdem sind Missverständnisse im Einzelnen nicht zu vermeiden, da man doch immer auf die oft ungeschickten Schilderungen der Kranken angewiesen ist.

Wichtiger als die Beschreibung aller Abarten des Phänomens scheint mir eine Frage zu sein, die von den Autoren nicht genügend berücksichtigt wird. Die Meisten sprechen ohne Weiteres von der Hemiopie oder Hemianopsie bei Migräne und stellen sie der Hemianopsie bei groben Gehirnkrankheiten zur Seite, vergleichen überhaupt die Einschränkungen des Gesichtsfeldes bei Migräne mit den sonst vorkommenden. Ich halte das nicht für zulässig. Weder aus den Schilderungen der Autoren, noch aus meiner Erfahrung habe ich mich überzeugen können, dass (abgesehen von ganz vereinzelten Ausnahmen) jemals bei Migräne ein wirkliches Nichtsehen vorkommt.

---

[1]) Eine Beobachtung Charcot's wird als »nasale Hemiopie« bezeichnet. Der Kranke sah in manchen Fällen un grand rond noir, qui l'empêchait de voir en face, en lui permettant de bien voir à droite et à gauche du champ visuel. Es kann sich um ein doppelseitiges centrales Scotom gehandelt haben.

Wenn etwa bei einem Kranken die Sehbahn im linken Hinterhauptlappen durch einen Erweichungsherd unterbrochen ist, so fehlen ihm die rechten Gesichtsfeldhälften, er sieht mit den linken Hälften seiner Netzhäute so wenig, wie er mit seiner Hand sieht. Ist es bei der Migräne so? Sicher nicht. Der Migränekranke sieht während der visuellen Aura immer etwas, so gut wie nie fällt wirklich ein Theil seines Gesichtsfeldes aus, sondern er gleicht einem Menschen, dem etwas vor die Augen gehalten wird. Mit anderen Worten, es handelt sich bei der Migräne immer um Sinnestäuschungen, nicht um Nichtsehen. Es gibt ein Migränescotom, keine Migränehemianopsie. Man darf auch die Einschränkung des Gesichtsfeldes bei Migräne nicht mit der bei Hysterie gleichstellen, denn der Hysterische hat keinerlei Sinnestäuschungen, kein Scotom, sondern ihm entgeht nur ein Theil seiner Wahrnehmungen. Deshalb schlage ich vor, dass man bei Migräne nicht mehr von Amblyopie, von Amaurosis, von Hemianopsie rede, sondern nur von Scotomen, deren Art man durch Eigenschaftswörter näher bezeichnen mag.

Sind bei der visuellen Aura beide Augen, oder ist nur eins betroffen? Die Kranken reden meist nur von einem Auge, es ist aber einleuchtend, dass darauf nicht viel zu geben ist. Liveing, Gowers u. A. erklären mit Bestimmtheit, dass das Scotom immer doppelseitig sei, beziehungsweise in den gleichnamigen Sehfeldhälften auftrete. Die Probe ist, wenn es sich nur um ein dunkles Scotom handelt, leicht zu machen, da bei Beschränkung auf ein Auge der Schluss dieses das Scotom verschwinden lassen müsste. Liveing sagt, dass jedesmal bei dieser Probe der Kranke sich überzeugt habe, dass auch das anscheinend gesunde Auge ein Scotom habe. Handelt es sich um leuchtende Erscheinungen, so führt der Augenschluss keine Veränderung herbei. Andere Autoren, besonders Galezowski sind der Ansicht, dass oft oder meist nur ein Auge betroffen sei. Besonders ist nach Galezowski die totale Blindheit immer auf ein Auge beschränkt. Soweit meine Erfahrung reicht, schien mir die Störung immer doppelseitig zu sein und ich möchte glauben, dass Galezowski's Behauptung wenigstens nur in der Minderzahl der Fälle zutreffe.

Die Dauer der visuellen Aura soll nach Liveing 10—20 Minuten, selten eine halbe Stunde betragen. Aehnliche Angaben machen die meisten Autoren. Vielleicht geht die Aura oft noch rascher vorüber. Es ist bekannt, wie leicht die Patienten die Dauer krankhafter Zufälle überschätzen. In einem Falle, in dem ich die Aura wiederholt beobachten konnte, dauerte sie nie länger als zwei Minuten. In einzelnen Fällen aber mögen wohl auch 50 oder 60 Minuten darüber hingehen. Soviel ist sicher, dass nach einer Anzahl von Minuten in der grossen Mehrzahl der Fälle die Sehstörung vollständig und ohne Rückstand verschwunden ist. In vereinzelten Fällen soll sie den Anfall überdauert haben. Galezowski z. B. erwähnt eine Kranke, bei der das Gesichtsfeld dauernd eingeschränkt blieb, aber diese Kranke war hysterisch; in einem anderen Falle fand er ein seit fünf Monaten bestehendes Scotom ohne objectiven Befund; endlich hat er später einen Kranken beschrieben, bei dem nach einer Reihe von Anfällen eine Thrombose der Arteria centralis retinae eingetreten war. Ich muss später auf diese Dinge zurückkommen, wenn von den möglicherweise durch die Migräne hervorgerufenen organischen Läsionen die Rede ist. Vorläufig sei nur darauf hingewiesen.

Die Angaben über den Zustand des Augenhintergrundes während der visuellen Aura stimmen nicht ganz überein. Galezowski u. A. wollen wiederholt die Papille des vorwiegend betroffenen Auges auffallend blass gefunden haben. R. Hilbert sah einmal während der visuellen Aura Netzhautarterien-Pulsation (ob nur auf einem Auge ist nicht gesagt). Liveing dagegen fand einen ganz normalen Augenhintergrund. Das Gleiche melden Macnamara, Parinaud u. A. Ich habe nie Gelegenheit gehabt, während des Scotoms eine Untersuchung vornehmen zu lassen, will aber hier gleich erwähnen, dass im Allgemeinen während schwerer Migräneanfälle die von mir um ophthalmoskopische Prüfung gebetenen Augenärzte nur vollkommen normale Verhältnisse gefunden haben.

Gowers gibt an, dass sehr selten auch Doppeltsehen dem Anfalle vorausgehe. Andere erwähnen das nicht und ich muss gestehen, dass ich an dem hemikranischen Doppeltsehen zweifle. Eine meiner Kranken litt an Flimmerscotom und an Hysterie. Auf Grund letzterer trat zuweilen Diplopia monophthalmica auf und es kam vor, dass Blendung sowohl das Flimmern als die Diplopie hervorrief.

Mit Unrecht nennt Galezowski neben den Formen der visuellen Aura die »Névralgie oculaire« und die »Photophobie«. Es handelt sich dabei um Arten des Migräneschmerzes, die nicht zur Aura gehören.

b) Andere Formen der Aura. Viel seltener als die visuelle sind die anderen Formen der Aura. An zweiter Stelle sind die halbseitigen Parästhesien zu nennen. Diese gleichen vollständig denen, die den Anfällen Jackson'scher Epilepsie oft vorausgehen. Am häufigsten beginnt ein Kribbeln, Prickeln, Gefühl des Eingeschlafenseins in den Fingern einer Hand, steigt dann im Arme in die Höhe. Oft wird dann auch die entsprechende Hälfte des Gesichts oder ein Theil davon, die Wange, die Lippen, die Zunge ergriffen. Im Gesichte und im Munde sind die Parästhesien oft doppelseitig. Seltener als in der Hand beginnt die sensorische Aura im Fusse und ergreift dann den Arm und das Gesicht. Manche Kranke haben auch in den Gliedern doppelseitige Parästhesien. Mit der Parästhesie soll zuweilen deutliche Hypästhesie verbunden sein. Benjamin Travers z. B. sagt, dass in seinen Anfällen das Gefühl der Hand so herabgesetzt gewesen sei, als ob eine Stoffschicht zwischen ihr und den Dingen wäre. Mit der Parästhesie ist gewöhnlich das Gefühl der Schwäche, der Kraftlosigkeit verbunden. Die Kranken können nichts festhalten, oder können nicht auf dem ergriffenen Fusse stehen. Offenbar entsprechen die von den Kranken beschriebenen Zustände dem, was Jedermann beim sogenannten Einschlafen des Beines durch Druck auf den Nervus ischiadiacus gefühlt hat. Wichtig scheint mir zu sein, dass Krämpfe und eigentliche Lähmung immer fehlen. Sie werden freilich in ganz vereinzelten Fällen erwähnt, aber diese Fälle sind auch sonst diagnostisch anstössig und bis auf Weiteres scheint es mir wichtig, sie nicht zu berücksichtigen. Ich komme später auf diesen Punkt zurück.

Die sensorische Aura, wie ich die Parästhesien kurz nennen will, ist in der Regel mit der visuellen verbunden, derart, dass jene auf diese folgt und die gleiche Körperseite betrifft. Doch können auch beide gleichzeitig auftreten. Zuweilen ist die visuelle Aura rechts, die sensorische links, oder umgekehrt. Endlich gibt es Fälle, in denen die sensorische Aura allein sich zeigt.

An die sensorische Aura kann sich eine vorübergehende Aphasie anschliessen. Hat die Parästhesie die Zunge erreicht, so kommt es zuweilen zu einer Sprachstörung, deren Form nicht immer dieselbe ist. Lebert spricht von »schwerer Sprache, mit Schwierigkeit, die richtigen Ausdrücke zu finden, oder eine zusammenhängende Phrase zu bilden«. Sir George Airy konnte nicht die passenden Wörter finden und brauchte falsche. Parry und Andere sprechen von einem Unvermögen zu articuliren. Ein Patient Liveing's fuhr auf einem Omnibus, als sein Anfall begann; er hörte Glockengeläute und wollte fragen, was das für Glocken seien, brachte aber kein Wort heraus. Ein Kranker Berbez' konnte nur sagen »Bradamante«. Charcot erzählt von zwei Migränekranken, deren einer, ein Musiker, seine musikalischen Kenntnisse vergass. Féré berichtet von einem Kutscher, der nicht mehr wusste, wohin er seinen Herrn fahren sollte, von Patienten, die den Gebrauch einer fremden Sprache verloren und Anderes mehr. Auch von vorübergehender Worttaubheit wird gesprochen. Berbez sah einen Kranken, der, auf der Strasse vom Anfalle ergriffen, sich nicht zurechtfinden konnte, weil er die Strassen nicht erkannte, die Schilder nicht lesen konnte, niemand fragen konnte, ja seinen Namen nicht aufschreiben konnte. Bei einem anderen Kranken trat nur Agraphie auf. Besonders die französischen Autoren theilen viele Beispiele von Migräne-Aphasie mit, und zwar Beispiele von allen Formen der Aphasie.

Liveing fand in 15 von 60 Fällen Sprachstörung. Dieser pflegte 12mal eine sensorische Aura vorauszugehen. In 7 von diesen 12 Fällen waren die Parästhesien auf die rechte Körperhälfte beschränkt, in 4 waren sie doppelseitig; 1 Fall ist unklar. Nur 9mal fand Liveing die sensorische Aura ohne Sprachstörung.

Eine meiner Kranken hatte bald rechtseitige, bald linkseitige Anfälle, die mit einem typischen Flimmerscotom begannen. In der einen Hälfte des Gesichtsfeldes zeigte sich eine Wolke, deren Rand nachher von farbigen Fortificationslinien umgeben wurde. Gewöhnlich war es rechts, dann konnte die Kranke am Schlusse der Aura die richtigen Worte nicht finden. Seltener kam das Scotom von links, dann wurde die Sprache nicht gestört. Eine andere Kranke, die ebenfalls ein Flimmerscotom mit ausgeprägtem Halbsehen hatte, behauptete, obwohl sie zuweilen links nichts sehe, sei doch auch dann die Zunge eingeschlafen und die Sprache erschwert. Aber diese Kranke war hysterisch, hatte Visionen und sollte auch ausserhalb ihrer, übrigens sehr schweren, Migräneanfälle vorübergehend sprachlos sein. Einmal sah ich linkseitige Aura mit Sprachstörung, aber der Fall ist nicht einfach. Eine 35jährige, seit dem 19. Jahre an gewöhnlicher, immer rechtseitiger Migräne leidende Frau hatte seit einem Jahre Anfälle von Augenmigräne. Bei diesen zog ein Schleier von links her vor die Dinge, so dass die Kranke nur noch schlecht sehen konnte. Nach ¼ Stunde verzog sich der Mund nach links, die ganze linke Körperseite wurde schwer, wie eingeschlafen, und die Kranke fand die richtigen Worte nicht mehr. Dieser Zustand dauerte etwa eine Stunde, dann begann linkseitiger Kopfschmerz. Hier bestanden die Zeichen einer beginnenden progressiven Paralyse: Pupillendifferenz, Steigerung der Sehnenreflexe, geistige Schwäche.

Die sensorischen Formen der Aphasie kommen offenbar am häufigsten vor. Oft besteht zugleich eine im engeren Sinne seelische Störung, die sich meist als Verwirrtheit darstellt, und es ist zuweilen nicht zu sagen, ob das Nichtfinden oder Verwechseln der Wörter, beziehungsweise deren Nichtverstehen eine eigentliche Aphasie, oder nicht vielmehr ein Ausdruck der momentanen Verwirrtheit ist. Die Kranken sagen, sie seien wirr im Kopfe, die Gedanken laufen ihnen durcheinander, sie wissen nicht, was sie wollen u. s. w. Sie geben zuweilen verkehrte Antworten, oder antworten gar nicht.

Zuweilen sollen auch Angstzustände mit der Migräne-Aura verbunden sein. Ich habe einmal jeden Anfall mit plötzlich eintretender Angst ohne anderweite Aura beginnen sehen. Liveing berichtet über einige solche Fälle. Ob mit den hysterischen Bewusstseinsstörungen, die nach diesem Autor zuweilen im Beginne des Anfalles bei Kindern oder jungen Leuten beobachtet worden sind, die Migräne directe Beziehung habe, das möchte ich bezweifeln, denn es ist ersichtlich, dass bei hysterischer Art der Migräneanfall ebenso wie alle möglichen anderen Anstösse hysterische Symptome hervorrufen kann.

Die gemüthliche Depression, die Liveing in diesem Zusammenhange auch erwähnt, gehört nicht zur Aura, sondern besteht in manchen Fällen während des ganzen Anfalles.

Schwindel ist eine recht seltene Form der Aura. Ich habe ihn nie beobachtet. Liveing erzählt von einem Kranken, der gewöhnlich die visuelle Aura und daneben nur selten ganz leichten Schwindel hatte; zuweilen aber erwachte der Kranke mit dem Gefühle, als ob sich alle Dinge im Zimmer rasch um ihn drehten, ein Gefühl, das anhielt, wenn er aufstand, ihn aber nicht wesentlich am Gehen und Stehen hinderte, und nach ebensoviel Zeit verging, wie sie sonst die visuelle Aura brauchte. Von der Schwindligkeit, die manchmal während des Anfalles besteht, ist natürlich hier nicht die Rede.

Endlich ist noch zu erwähnen, dass neben den genannten Auraformen auch Gehörs- und Geschmackstäuschungen vorkommen: Ohrenklingen, Brausen, Pfeifen, unangenehmer Geschmack. Diese Dinge sind offenbar sehr selten. Sie werden meist nur gelegentlich erwähnt. Ob etwa die Aura aus Ohrenklingen, oder einem Geschmacke allein bestehen kann, weiss ich nicht. Wenigstens sind zwei derartige Beobachtungen, die ich gemacht habe, nicht recht beweisend. Eine Frau, deren Migräne immer links war, wurde durch den Schmerz aus dem Schlafe geweckt. Unmittelbar nach dem Erwachen bestand in beiden Ohren Brummen und Sausen, das nach etwa 20 Minuten verging. Eine Andere, die seit der Kindheit an gewöhnlicher Migräne litt, bekam, seitdem sich bei ihr eine Syringomyelie entwickelt hatte, eigenthümliche Anfälle. Das rechte Ohr fing an zu klingen, dann trat Taubheitsgefühl in der ganzen Kopfhaut auf und nach einer halben Stunde folgte linkseitiger Kopfschmerz; Anästhesie des Kopfes bestand nicht.

Im Allgemeinen ist die Regel die, dass die sensorische Aura und die selteneren Formen nur im Anschlusse an die visuelle Aura vorkommen. Man kann daher sagen, beim vollständigen Anfalle besteht die Aura in dem Auftreten eines Scotoms mit subjectiven Lichterscheinungen und an die Sehtäuschungen können sich anderweite krankhafte Empfindungen, am häufigsten halbseitige Parästhesien mit Aphasie anschliessen. Bei dieser Auffassung würden die selteneren Fälle, in denen die sensorische Aura ohne vorausgehendes Scotom vorkommt, schon zu den unvollständigen Migräneanfällen gehören, die freilich, wie wir sehen werden, im Allgemeinen und beim einzelnen Kranken die weit überwiegende Mehrzahl bilden. Zuweilen auch sollen die visuelle und die sensorische Aura gleichzeitig auftreten, oder doch die Parästhesien, beziehungsweise die Sprachstörung, oder die Verwirrtheit beginnen, während noch das Scotom besteht. Die sensorische Aura dauert gewöhnlich 10—15 Minuten, von wenigen Minuten bis zu einer halben Stunde etwa.

3. Der Anfall selbst.

a) Der Kopfschmerz. Wie der Name besagt, ist die Migräne halbseitig. In der That ist die Aura fast immer auf eine Seite beschränkt, vom

Kopfschmerze aber wird ziemlich oft angegeben, er sei doppelseitig, obwohl in der Regel auch er deutlich halbseitig oder doch auf einer Seite viel stärker ist. Von den Kranken meiner Tabelle wollten 57 fast immer einseitige Schmerzen haben, während 25 behaupteten, der Schmerz sei auf beiden Seiten. Ich habe nur die Angaben notirt, die mit einiger Bestimmtheit und dem Anscheine der Zuverlässigkeit gemacht wurden, glaube aber doch, dass manche Angaben unzuverlässig seien, besonders dass nicht selten trotz der Doppelseitigkeit der Schmerz in einer Kopfhälfte beginne. Von denen mit einseitigem Schmerze wollten 17 immer oder fast immer rechtseitige Schmerzen haben, 23 immer oder fast immer linksseitige, während bei 17 der Schmerz zwischen rechts und links wechselte.

Gewöhnlich ist der einseitige Schmerz über dem Auge am stärksten. Fast immer thut auch die Schläfe weh. Sehr oft wird über Schmerz im Auge, oder hinter dem Auge geklagt. In einzelnen Fällen ist sogar das Auge Hauptsitz des Schmerzes. Bei heftigen Anfällen schmerzt oft auch der Oberkiefer, zieht andererseits der Schmerz von der Stirn bis in den Hinterkopf, ja in den Nacken. Seltener wird angegeben, dass der Schmerz im Nacken beginne, und von da nach der Stirn ziehe. Ein Kranker behauptete, es beginne der Schmerz entweder in der rechten Stirn und ziehe zur linken Schläfe, oder er gehe von der linken Stirn zur rechten Schläfe. Ein anderer klagte ausschliesslich über eine Seite des Hinterkopfes, bald die rechte, bald die linke. Endlich hatte einer regelmässig auch in einer Schulter Schmerzen. Von den Doppelseitigen gaben 20 an, der Schmerz nehme vorwiegend den Vorderkopf (beide Stirn- oder beide Scheitelgegenden) ein, nur 3 meinten, der Schmerz beschränke sich auf beide Seiten des Hinterkopfes, während 2 sagten, Vorder- und Hinterkopf wechselten ab. Einige versicherten bestimmt, der Hauptschmerz nehme genau die Mitte der Stirne ein.

Die Angaben der meisten Autoren stimmen mit den meinigen ungefähr überein. Henschen fand (nach Thomas) in 56 von 123 Fällen den Schmerz einseitig, in 67 doppelseitig, aber nur in 24 auf beiden Seiten gleich stark. Am stärksten betroffen war die Stirn 110mal, die Schläfe 100mal, der Hinterkopf 54mal. Am meisten scheinen mir die Angaben Liveing's, die genauesten, abzuweichen. In 17 von den Fällen seiner Tabelle wurde der Kopfschmerz als halbseitig, in 7 als annähernd halbseitig, oder bald halb-, bald doppelseitig bezeichnet, dagegen in 34 als doppelseitig. Liveing fügt selbst hinzu, dass unter den angeblich Doppelseitigen wahrscheinlich manche nicht ganz mit Recht gezählt wurden. Weiter macht Liveing Angaben über die Vertheilung der Aura auf beide Seiten, die mir als etwas bedenklich erscheinen. Die sensorische Aura war 10mal einseitig, 11mal doppelseitig. Er erwähnt dabei einen Fall, in dem die Parästhesien nur in einem Arme auftraten, im Gesicht (Zunge, Mund) beide Seiten betrafen. In solchen Fällen aber ist es doch richtiger, von einseitiger Aura zu sprechen.

Von der visuellen Aura sagt Liveing, in 12 von 37 Fällen sei das Scotom halbseitig gewesen. 1mal habe es die untere Gesichtsfeldhälfte eingenommen. 3mal sei es bald halbseitig, bald central gewesen. 23mal aber central oder allgemein. Nun ist ein wirklich centrales Scotom bei Migräne eine rechte Seltenheit, es handelt sich in der Regel um ein Scotom in den mittleren Theilen des Gesichtsfeldes, das sich rechts oder links vom Fixirpunkte befindet. Das allgemeine Scotom aber, das heisst die Amaurosis fugax, beginnt doch gewöhnlich rechts oder links. Gowers sagt, in den meisten Fällen beginne der Kopfschmerz auf einer Seite, in sehr vielen bleibe er auf diese beschränkt, in anderen werde er allgemein. Beginne der Schmerz an einer Stelle, so sei es gewöhnlich die Schläfe, und zwar ein so kleines Gebiet, dass man es mit der Fingerspitze bedecken kann. Diese Angabe kann ich nicht bestätigen, denn die Stirn wird viel häufiger zuerst befallen und die Beschränkung des Schmerzes auf eine groschengrosse Stelle scheint mir eine Ausnahme zu sein. Weiter sagt Gowers, in anderen Fällen beginne der Schmerz an der Stirn, oder an dieser und im Auge.

Interessant ist das Verhältniss des Ortes der Aura zu dem des Schmerzes. In den von mir beobachteten Fällen, in denen überhaupt eine Aura bestand, war diese gewöhnlich einseitig und der Schmerz betraf dann die andere, etwas seltener die gleiche Seite oder wurde doppelseitig. Manchmal behaupteten die Kranken, sie sähen überall Flimmern oder überall Russflocken; bei solchen war der Schmerz doppelseitig. Liveing macht folgende Angaben: In 12 von den Fällen, in denen der Schmerz ganz oder vorwiegend einseitig war, bestand eine visuelle Aura und neunmal war auch das Scotom einseitig. Einmal war es bald seitlich, bald central, und je nachdem war auch der Schmerz ein- oder doppelseitig. In 8 von 10 Fällen, in denen einseitiger Kopfschmerz mit sensorischer Aura bestand, waren auch die Parästhesien einseitig. In den Fällen doppelseitigen Schmerzes war das Scotom 16mal central oder total, 5mal seitlich, und die Parästhesien, die in 11 Fällen vorkamen, waren 9mal doppelseitig, 2mal einseitig. Demnach, meint Liveing, entspricht in der Mehrzahl der Fälle einer einseitigen Aura einseitiger, einer doppelseitigen doppelseitiger Kopfschmerz. Auch fand er, dass bei einseitigen Erscheinungen Aura und Schmerz in der Regel auf derselben Seite seien. Indessen kommen Ausnahmen vor. In 2 Fällen Parry's war der Kopfschmerz links, waren die Parästhesien rechts, in einem 3. Falle desselben Autor war es umgekehrt. Bei Abercrombie und bei dem berühmten österreichischen Officier Tissot's waren Scotom und Parästhesien auf der einen, der Kopfschmerz auf der anderen Seite. Auch Galezowski hat einen solchen Fall beschrieben.

Die Migräne ist immer ein Kopfschmerz, das heisst ein Schmerz, der von dem Leidenden in die Tiefe, in das Innere des Kopfes verlegt wird, nicht in die äusseren Theile. Die Laien pflegen in diesem Sinne mit

Recht dem Kopfschmerze das Kopfreissen, bei dem die Haut, beziehungsweise die Kopfschwarte schmerzhaft ist, gegenüber zu stellen. Doch muss
man bei der Migräne Unterschiede machen. Im Anfange, wenn die Stirne
oder auch die Schläfe allein wehthut, scheint der Schmerz im Knochen
zu sitzen und von da in das Innere des Schädels hinein auszustrahlen.
Mir scheint, dass in dieser Beziehung keine Verschiedenheit zwischen dem
Migräneschmerze und dem Schmerze bei Erkrankung der Stirnhöhle bestehe. Weiterhin ist sozusagen die ganze Hälfte des Kopfes oder der ganze
Kopf mit Schmerz erfüllt. Ist auch das Auge ergriffen, so scheint der
Schmerz im Innern des Augapfels oder hinter diesem zu sitzen. Manche
sagen, dass das Auge ihnen aus dem Kopfe gedrückt oder auch in ihn
hineingedrückt werde. Wie man richtig bemerkt hat, gleicht der Migräne-
Augenschmerz dem Schmerze bei Glaukomanfällen. Ist auch das Gesicht
ergriffen, so wird der Schmerz ganz deutlich im Oberkieferknochen oder
im Nasenknochen gefühlt und wer beides erfahren hat, wird zugeben, dass
man bei Migräne ganz dieselben Schmerzen wie bei katarrhalischer Ent-
zündung der Schleimhaut der Highmorshöhle empfinden kann. Nimmt
auch der Hinterkopf theil oder ist er vorwiegend betroffen, so kann der
Schmerz sich bis in den Nacken erstrecken und dann wird er mit
Bestimmtheit in die Muskeln verlegt. Manchmal scheinen besonders
die Muskelansätze am Hinterkopfe und am Warzenfortsatze schmerzhaft
zu sein.

In gewissem Sinne hängt die Ausdehnung des Schmerzes von seinem
Grade ab. Z. B. kann bei leichten Anfällen einseitiger Migräne nur die
Stirngegend oder die Umgebung des Auges wehthun, während bei heftigen
Anfällen die ganze Kopfseite wehthut und der Schmerz auch das Gesicht
und den Nacken ergreift. Jedoch pflegt der Typus der Migräne nicht durch
die Stärke des Schmerzes verändert zu werden, eine einseitige Migräne
bleibt auch bei grossem Schmerze einseitig, eine doppelseitige auch bei
schwachen Anfällen doppelseitig. Wirklich wechselt der Grad des Schmerzes
von kaum störenden Empfindungen bis zum Unerträglichen. Manche Kranke
nehmen trotz des Anfalles an allen Verrichtungen des Lebens theil und
andererseits habe ich Patienten gesehen, die sich aus dem Fenster zu
stürzen versuchten, weil sie den Schmerz nicht mehr ertragen konnten.
Es gibt Kranke, die fast nur leichte Anfälle haben, es gibt welche, die
gewöhnlich leichte und zwischendurch einen schweren Anfall haben, es
gibt welche, die nur seltene, aber schwere Anfälle, und endlich gibt es
auch welche, die häufige und schwere Anfälle haben, wobei schwer und
leicht nur die Stärke des Schmerzes ausdrücken soll.

Die Ausdrücke, mit denen die Kranken die Art des Schmerzes beschreiben, sind ausserordentlich zahlreich. Dem einen will es den Kopf
auseinandersprengen, ein anderer glaubt, sein Kopf stecke in einem Schraub-

stocke. dieser sagt. der Kopf werde mit Hämmern bearbeitet. jenem wird
ein Bohrer ins Gehirn getrieben. einer behauptete, der Schmerz sei »dröh-
nend« u. s. w. Alle aber stimmen darin überein. dass der Schmerz
ganz verschieden sei von neuralgischen Schmerzen. Seine Stärke wächst
und nimmt ab, aber stetig. Es ist keine Rede davon, dass der Anfall sich
aus kleinen Anfällen zusammensetze. Der Schmerz ist ferner nicht beweg-
lich, er kann sich wie dem Grade nach so auch der Ausdehnung nach
ausdehnen und zusammenziehen. aber sein Centrum ist unverrückbar.
Endlich geben die Meisten auf die Frage: ist der Schmerz stechend,
schneidend. reissend oder dumpf und bohrend? die Antwort: das letztere.
Bemerkenswerth ist. dass bei den meisten Schmerzen. den Zahnschmerzen.
den Rückenschmerzen. den Blitzschmerzen in den Gliedern u. s. w.. die
Kranken nicht ruhig bleiben können. sobald ein gewisser Grad erreicht
ist. herumlaufen oder doch sich hin und herwälzen. das schmerzende Glied
bewegen. beim Kopfschmerze aber gewöhnlich regungslos sind. um so mehr. je
stärker der Schmerz ist. Alles in Allem gleicht der Migräneschmerz dem der
Kranken mit Meningitis oder Gehirngeschwulst. soweit man überhaupt aus
der Schilderung und aus der Beobachtung urtheilen kann. Diese Gleichheit
wird dadurch bekräftigt, dass hier wie dort der Schmerz zu Erbrechen
führt. Eine Gesichtsneuralgie z. B. mag so stark sein wie sie will. nie
kommt es zu Erbrechen. niemals hängt von der Stärke des Schmerzes
Erbrechen ab.

Mancherlei Umstände haben Einfluss auf die Stärke des Schmerzes.
Man muss da zwischen den leichten und den mittelschweren oder schweren
Anfällen unterscheiden. In Beziehung auf jene kann ich mich als Beispiel
nennen. Ich habe gewöhnlich nur leichte Anfälle und es ist mir oft be-
gegnet. dass mein Schmerz aufhörte. sobald irgend eine Thätigkeit meine
Aufmerksamkeit ganz in Anspruch nahm. Manchmal ist mir der Gang
zur Poliklinik sehr sauer geworden. fand ich aber da interessante Kranke.
so fühlte ich mich während deren Untersuchung ganz wohl und erst
später kam der Schmerz zurück. Andere Male hat anregende Gesellschaft.
der Besuch des Theaters u. A. mich den Schmerz vergessen lassen. Diese
Beobachtungen sind mir lehrreich gewesen. Erstens bin ich dadurch milder
gegen Patienten geworden. denen man nachsagte, ihre Migräne sei er-
logen, denn sie halte angenehmen Eindrücken nicht Stand. Zum anderen.
was wichtiger ist. mahnt der zweifellose Einfluss seelischer Vorgänge zur
Vorsicht bei therapeutischen Urtheilen. Aehnlich wie mit geistiger Thätigkeit ist es mit dem Essen. In leichten Anfällen thut mir und vielen
Anderen das Essen nicht nur nicht schlecht, sondern geradezu gut. Nach
jedem Essen wird der Schmerz vorübergehend etwas geringer. Auch dann.
wenn jede körperliche und geistige Bewegung sehr unangenehm ist. kann
das Essen noch wohlthätig sein. Es ist also die Angabe vieler Autoren. dass

die Kranken während des Anfalles nichts geniessen könnten. nicht ganz richtig. Sie trifft in der Regel bei schweren Anfällen zu, aber auch nicht immer. Alkoholhaltige Getränke sind auch in leichten Anfällen fast immer nachtheilig. doch gibt es einzelne Kranke, denen ein Glas Wein wohl thut. Kaffee erleichtert fast immer, doch handelt es sich dabei schon um eine Art von Medicament und ich verschiebe die Besprechung der Arzneiwirkung.

Bei allen schwereren Anfällen ist jede geistige und jede körperliche Thätigkeit vom Uebel. Irgendwie stärkere Anstrengungen in beiden Richtungen können aus einem leichten einen schweren Anfall machen. Ist der letztere von vorneherein vorhanden, so sind die Kranken überhaupt zu jeder Thätigkeit unfähig. Je vollständiger die Ruhe ist, um so besser ist es. Alle Bewegungen verschlimmern: Gehen, mehr noch Bücken, Erschütterungen. Man geht langsam. setzt den Fuss leise und vorsichtig auf den Boden. Eine Treppe zu steigen, ist eine Qual. Besonders schmerzhaft pflegen Bewegungen des Kopfes und der Augen zu sein. Man hält den Kopf steif. dreht aber lieber den Kopf als die Augen. denn die Bewegung dieser ist am allerunangenehmsten. Auch die Accommodation scheint schmerzhaft zu sein. Sehen in die Weite erleichtert. Verhältnissmässig wenig unangenehm ist in manchen Fällen Husten und Niessen. Wie das Bücken. ist das Niederlegen schmerzhaft. Legt man sich hin, so nimmt zunächst der Schmerz beträchtlich zu und erst nach einer Zeit des Stillliegens kommt die Erleichterung. Alle stärkeren Sinnesreize sind äusserst peinlich, ich komme auf sie nachher zurück. Kälte am Kopfe thut fast immer wohl. aber auch dieser Einfluss muss bei der Therapie nochmals besprochen werden. Das beste ist ruhig liegen in einem dunkeln, stillen, kühlen Raume. Ist der Schmerz nicht gar zu arg, so pflegt er dabei ganz oder fast ganz zu verschwinden. Ja, in mittelschweren Anfällen kann dadurch der Anfall wesentlich abgekürzt werden. Es kommt vor, dass die Kranken nach einigen Stunden vollständiger Ruhe sich schmerzlos erheben können.

b) Die begleitenden Erscheinungen.

α) Ueberempfindlichkeit. Dass die Wahrnehmungsfähigkeit gesteigert wäre. kommt wohl nicht vor, die Sinnesorgane sind nur hyperalgetisch. der Art. dass Reize, die sonst der Aufmerksamkeit entgehen, wahrgenommen werden und ebenso wie die, die sonst gleichgiltig lassen oder auch angenehm sind. peinliche Empfindungen erregen.

Den Augen ist helles Licht oft unangenehm, ja es kommt im Anfälle eigentliche Lichtschen vor, was besonders Galezowski hervorgehoben hat. Dieser glaubte eine besondere Art. Photophobie périodique, annehmen zu sollen. Eine seiner Kranken musste bei jedem Anfalle drei Tage in einem verdunkelten Zimmer bleiben und die Augen geschlossen halten. Die Photophobie war in diesem und in anderen Fällen von reichlichem Thränenträufeln begleitet und gewöhnlich bestand auch vom Lichte unabhängiger lebhafter Augenschmerz. Manche sehen während des ganzen Anfalles schlecht, ihr Gesicht ist »trübe«, sie haben Russflocken vor den Augen.

Häufiger ist grosse Empfindlichkeit des Gehörs. Das Geräusch der Wagen ist den Kranken unerträglich, sie fahren bei jedem Zufallen einer Thüre zusammen, fliehen die Musik wie den bösen Feind. Auch bei leichten Anfällen sind mir Geräusche peinlich, die ich im gesunden Zustande gänzlich überhöre. Gerade diese Art der Reizbarkeit macht den Kranken viele Noth, denn es ist leichter, sich allen anderen Sinnesreizen zu entziehen, als den Geräuschen. Ich habe beobachtet, dass Manche deshalb zeitweise gegen ihre eigenen, lebhaften Kinder geradezu Hass fühlten, und nicht selten sind Familienzwiste Folge der acustischen Hyperalgesie. Wenn die Kranken clavierspielende Mitmenschen verabscheuen, so ist das nur zu begreiflich.

Oft erregen auch alle stärkeren Gerüche Widerwillen. Gestank ist immer sehr unangenehm, dagegen thun manche Wohlgerüche vielen Kranken gut, wenn sie nicht allzustark sind. Bekannt ist die Vorliebe Vieler für das kölnische Wasser, ebenso wohlthätig sind andere »stärkende« Gerüche, besonders der der Pfefferminze (Menthol). Wahrscheinlich besteht auch oft Hyperalgesie des Geschmacks, doch ist darüber schwer ein Urtheil zu erlangen, weil der Widerwille gegen Speisen überhaupt und die Uebelkeit mit Empfindlichkeit gegen Geschmacksreize verwechselt werden können.

Ueber die Empfindlichkeit der Haut und dessen, was unter ihr liegt, sind die Autoren nicht einig. Ganz verschiedene Urtheile sind besonders über das Vorkommen von sogenannten Schmerzpunkten gefällt worden. Eulenburg sagt: »Eigentliche Schmerzpunkte im Valleix'schen Sinne fehlen bei der reinen Hemikranie gänzlich.« Was er eigentlich damit meint, weiss ich nicht. Es ist ja richtig, dass man nicht wie bei manchen Neuralgien durch Druck auf einen Nerven einen Anfall hervorrufen kann. Vielmehr tritt die Druckempfindlichkeit erst ein, wenn der Anfall schon da ist. Aber man findet auch bei manchen Trigeminusneuralgien die Trigeminuspunkte nur im Anfalle empfindlich. Soviel ist sicher, dass bei Migräne die Austrittstellen der Nerven am Kopfe gar nicht selten gegen Druck sehr empfindlich sind. Bei einer älteren Frau, die nicht hysterisch war, beobachtete ich während des Anfalles grosse Empfindlichkeit gegen leichten Druck an allen drei Hauptstellen (Nervus supraorbitalis, Nervus infraorbitalis, Nervus mentalis) auf der betroffenen Kopfseite. Gewöhnlicher sind nur die Austrittstellen der oberen beiden Nervenzweige empfindlich. Sitzt der Schmerz auch oder vorwiegend im Hinterkopfe, so ist nicht selten die Austrittstelle des Nervus occipitalis schmerzhaft. Die meisten Kranken freilich haben keine Druckpunkte.

Ausser den genannten Stellen findet man gelegentlich da oder dort Schmerzempfindlichkeit gegen Druck. ohne dass man recht wüsste. warum. Die Autoren reden von einem Parietalpunkte. der über dem Tuber parietale liegen soll. Zur Zeit. als die Sympathicushypothese blühte. fand man sehr oft die dem Ganglion cervicale supremum. wohl auch die dem medium entsprechende Stelle druckempfindlich. Auch diese oder jene Halswirbel können im Zustande »der Spinalirritation« sein. Manchmal thun die Muskelansätze weh u. s. f.

Die Haut selbst ist gewöhnlich nicht. besonders empfindlich. Am ehesten ist Drücken einer Hautfalte an der Schläfe unangenehm. Ueberempfindlichkeit der behaarten Kopfhaut. die bei Hysterie überaus häufig vorkommt. ist bei Migräne eine Seltenheit. Gewöhnlich ist, wenn nicht wegen der Stärke des Schmerzes. beziehungsweise des Ruhebedürfnisses. jede Handtirung unangenehm ist. Kämmen und Bürsten geradezu wohlthätig. Das Gleiche gilt von den Formen der Massage. In leichteren Anfällen kann das Beklopfen des Kopfes mit der Hand oder mit einer Zander'schen Maschine den Schmerz zeitweise vertreiben. Lange hilft es freilich nicht. Auch Streichen thut recht gut. Zuweilen allerdings ist die Haut des Vorderkopfes gegen jede Berührung empfindlich.

O. Berger glaubte in einem Falle von »Hemicrania angioparalytica« auf der kranken. blutreichen Seite Verschärfung des Tastsinnes und der Wärmeempfindung gefunden zu haben (Tastkreise an der Stirn rechts eine Linie. links vier Linien. Temperaturschwankungen rechts von 0.4^0 C. links von 0.8^0 C). In der Hauptsache mag wohl die vermehrte Unlustempfindung die Aufmerksamkeit angestachelt haben. Auch kann ja die Hyperämie eine Rolle spielen. An die empfindlichen Knötchen der nordischen Autoren sei hier nur erinnert.

β) Seelische Störungen. Abgesehen von der Unfähigkeit zu jeder geistigen Thätigkeit. von der relativen Gleichgiltigkeit gegen gemüthliche Beziehungen und der bald mehr verdriesslichen. bald mehr traurigen Stimmung, die sich zu Hoffnungslosigkeit. Trostlosigkeit steigern kann. bestehen in der Mehrzahl der Migränefälle keine seelischen Störungen. Die genannten Veränderungen hängen direct vom Schmerze ab und variiren gemäss der gegebenen Individualität. Trotz ihrer besteht in der Regel vollkommene Klarheit des Bewusstseins. Es gibt aber Kranke. bei denen zu dem Schmerze eine Verdunkelung des Bewusstseins. die von Somnolenz bis zu ausgesprochenem Stupor wachsen kann, hinzutritt. Man könnte glauben, dass es sich dann um Erschöpfung durch den übergrossen Schmerz handle. Es scheint aber nicht so zu sein. Freilich kommt es nur in schweren Fällen. in denen der Schmerz heftig ist. zu Stupor, aber es kann der heftigste Schmerz ohne Stupor bestehen. jener ist häufig, dieser ist selten. kurz es besteht kein directes Verhältniss zwischen beiden Störungen. Schon

Tissot hat darauf hingewiesen, dass ein Sommeil convulsif bei Migräne vorkomme. Manche Kranke liegen dann fast den ganzen Tag benommen da und fühlen sich selbst wie gehemmt. In anderen Fällen tritt die Somnolenz erst gegen das Ende des Anfalles hin ein und kann dann in natürlichen Schlaf übergehen. Ein Beispiel von den seltenen Fällen wirklichen Stupors ist der später zu erwähnende Kranke Féré's mit Status hemicranicus.

Treten im Anfalle Sinnestäuschungen ein (Visionen, Stimmen), so handelt es sich wohl immer um Complicationen, besonders um Hysterie. Neuerdings hat Mingazzini Fälle von angeblicher Augenmigräne mitgetheilt, in denen epileptisches Irresein (Mord u. s. w.) bestand. Hier handelt es sich um Epilepsie und nicht mehr um Migräne.

γ) Einige seltene Erscheinungen. Selten klagen die Kranken während des Anfalles über Schwindel, behaupten deshalb, nicht stehen zu können. Ich habe keine solche Beobachtung gemacht, vielleicht kommen die Schwindelgefühle besonders bei den nachher zu erwähnenden Kranken vor, deren Zustand an die Seekrankheit erinnert. Ein seltsames Symptom haben A. Gubler und A. Bordier[1]) erwähnt: Besondere Leichtigkeit des Athmens. Dieselben erzählen von einer Kranken, deren Haar im Anfall gebleicht wurde, so dass ein Theil ihrer Haare abwechselnd dunkle und farblose Stellen zeigte.

O. Berger hat bei »spastischer« Migräne vermehrte Speichelabsonderung beobachtet: über zwei Pfund zähen Speichels wurden im Anfalle entleert. Manchmal klagen die Kranken im Gegentheile über Trockenheit des Mundes.

Eulenburg glaubt Steigerung des Widerstandes der Kopfhaut gegen galvanische Ströme auf der Seite des Schmerzes gefunden zu haben. Das räthselhafte Syndrom das nach Weir-Mitchell Erythromelalgie genannt wird, ist einigemale bei Migränekranken beobachtet worden. So erzählen G. Lewin und Th. Benda[2]) von einem 21jährigen Studenten, der seit dem 13. Jahre an schwerer, rechtsseitiger Migräne litt und bei dem seit einigen Monaten Schmerzen, Schwellung, Röthe der linken Finger, Schwindelanfälle, vorübergehende Parese der linken Glieder bestanden. Die Enden der Finger waren blauroth, geschwollen, schmerzhaft. Bei Brombehandlung hörte sowohl die Augenmigräne, als die Erythromelalgie auf.

Ueber Herpes im Anfalle vgl. p. 47.

δ) Die Gefässveränderungen. Von den Kranken, die ich im Anfalle gesehen habe, zeigten die meisten weder eine auffallende Blässe, noch eine auffallende Röthe. Man sah den Leuten an, dass sie sich schlecht fühlten, ihre Züge waren schlaff, die Lider hingen etwas herab und die Augen

---

[1]) Article »Migraine«. Diction. encyclopéd. des Sc. méd. 2. S., VII., 2., p. 329, Paris 1873.

[2]) Ueber Erythromelalgie. Berliner klin. Wochenschr. XXXI, 3—6, 1894.

hatten einen matten Ausdruck, sonst war nichts zu sehen. Fühlte man den Kopf an, so war er gewöhnlich auffallend warm und die Kranken hatten selbst das Gefühl von Hitze im Kopfe. Bei manchen war die schmerzende Seite entschieden wärmer als die andere und dann war dort die Schläfenarterie deutlicher zu fühlen, als ob sie etwas geschwollen wäre. Einige wenige waren auffallend bleich, ihre Augen eingefallen, die Haut kühl. Natürlich sieht man die meisten Kranken nicht im Anfalle und ist dann auf ihre Angaben angewiesen. Von denen, die bestimmte Angaben machten, wollten sieben einen beiderseits, fünf einen halbseitig heissen Kopf haben, sechs erklärten, das ganze Gesicht sei blass und kalt, einer, nur die schmerzende Seite sei so, einer sagte, das Gesicht werde abwechselnd heiss und kalt und einer, bald sei die eine Seite heiss, die andere kalt, bald sei es umgekehrt, zwei empfanden nur auf der Scheitelhöhe Hitze.

Thomas hat 91 alte und neue Krankengeschichten durchgesehen. Röthe des Gesichts war 9 mal notirt (2 mal ohne andere Symptome, 2 mal mit Röthung der Bindehaut und Lichtscheu, Thränenträufeln, Myosis, 3 mal mit Sehstörungen, 1 mal mit Klopfen in den Schläfen). Blässe des Gesichts 8 mal (4 mal ohne andere Symptome, 3 mal mit Röthung der Bindehaut, Thränen, Lichtscheu, 1 mal mit Einsinken des Auges). Wechsel zwischen Röthe und Blässe 3 mal. Fehlen von Farbenveränderung (1 mal Klopfen in den Schläfen, 1 mal einseitige Hitze, 4 mal Röthung, Lichtscheu u. s. w.) 17 mal. In 91 Fällen wurden also Gefässveränderungen der Gesichtshaut 37 mal erwähnt. Henschen (nach Thomas) macht 107 mal positive oder negative Angaben: 3 Kranke erklärten bestimmt, ihr Gesicht behalte seine gewöhnliche Farbe, 30 sagten, sie würden roth, 37, sie würden blass, 28, sie wechselten die Färbung. Nach Gowers sind die Kranken gewöhnlich im Anfange blass, dann roth. Einseitige Gefässveränderungen seien sehr selten.

Mit dem Bisherigen stimmen die Aussagen der deutschen Autoren, die seit Dubois-Reymond geschrieben haben, nicht recht überein. Dubois beschrieb im Jahre 1860 seine eigene Migräne und erzählte, dass die Schläfenarterie auf der kranken Seite wie ein harter Strang anzufühlen sei, das Gesicht bleich und verfallen sei, das Auge der kranken Seite klein und geröthet, seine Pupille erweitert sei, dass am Ende des Anfalles das Ohr der kranken Seite roth und warm werde. Er fügte hinzu, dass er bei anderen Migränekranken keine Anisocorie gesehen habe, dass keiner der ihm bekannten Aerzte einen dem seinigen gleichen Fall beobachtet habe. Als aber Dubois auf Grund seiner Selbstbeobachtung erklärt hatte, es bestehe dabei Tetanus im Gebiete des Halssympathicus, wuchsen die Beobachtungen von »Hemicrania sympathico-tonica«, wie Pilze aus der Erde wachsen. Die Autoren fanden nun, was Dubois selbst gar nicht behauptet hatte, dass das Gesicht halbseitig bleich, »auf der schmerzhaften Seite bleich und

verfallen« sei. Sie stellten fest. dass ganz beträchtliche Temperaturunter-
schiede zwischen beiden Ohren vorhanden waren. Eulenburg fand den
Gehörgang der schmerzhaften Seite um 0·4—0·6⁰ Celsius kühler und
erklärte selbst. er halte die viel grösseren Unterschiede Anderer nicht
für correct. Was Dubois ganz richtig bemerkt hatte. dass trotz der
Blässe des Gesichts das Auge von vorneherein geröthet ist. das wurde
nicht beachtet. es musste eben alles auf das sympathische Procrustesbett
gespannt werden. Die Alleinherrschaft der bleichen Migräne dauerte
bis 1867. In diesem Jahre beschrieb Möllendorf die Migräne bei
rothem Gesichte und fand. dass es sich nicht um einen Sympathicus-
krampf. sondern um eine Sympathicuslähmung handle. Auch hier
stimmte wieder alles zusammen. Die Gefässe sind erweitert. die Temperatur ist erhöht. die Pupillen sind verengt (und zwar auf beiden Seiten gleich
stark); Möllendorf fand sogar bei einem Kranken die Pupille des Seh-
nerven geröthet und »ödematös«. Es galt nun. zu entscheiden. welche
Migräne. die weisse oder die rothe. die richtige sei. und schliesslich
einigte man sich dahin, beide seien gleich gut. In alle Wege seien die
Gefässveränderungen die Hauptsache. aber ihre Form sei verschieden.
bald handle es sich um Krampf. bald um Lähmung und beide bewirken
genau dasselbe. So kam man zu der Lehre. die Eulenburg vertritt:
1. Die Migräne stellt sich dar als Hemicrania sympathico-tonica s. spastica.
dann finden wir Blässe. Kälte. Zurückgesunkensein des Auges. Erweiterung
der Pupille. Verhärtung der Art. temporalis. Verschlimmerung durch
Compression der Carotis. oder 2. die Migräne stellt sich als Hemicrania
angioparalytica dar. dann finden wir Hitze. Röthe. Injection der Bindehaut und Thränenträufeln. Verengerung der Lidspalte und der Pupille. zuweilen Ephidrosis unilateralis. Erleichterung durch Druck auf die Carotis.
Nur nebenbei wird bemerkt. dass es auch Migränefälle gebe. die »anscheinend ohne alle örtlichen vasomotorischen Störungen verlaufen« und
dass. wenn die letzteren vorhanden sind. manchmal die oculopupillären
Symptome gänzlich vermisst werden.

Dieser Darstellung gegenüber ist nun mit aller Entschiedenheit hervorzuheben. dass sie nicht den Thatsachen entspricht. Sie ist eine Ver-
zeichnung zu Liebe einer physiologischen Hypothese. die. auch wenn sie
wahr wäre. keinen klinischen Werth besässe.

In der Mehrzahl der Fälle bestehen. abgesehen von Wärme des
Kopfes. keine vasomotorischen Symptome. In der Minderzahl bestehen sie.
und zwar ist dann in der Regel das Gesicht geröthet und heiss. seltener blass
und kühl. Im Uebrigen aber entspricht weder im einen. noch im anderen
Falle das Bild der einseitigen Sympathicusreizung oder Sympathicuslähmung. Die Röthe und Wärme kann einseitig sein. ist es aber in der
Regel nicht. Da. wo Gefässerweiterung besteht. ist nie die Pupille ein-

seitig verengert. sondern. wenn überhaupt. und das ist selten. eine Pupillenveränderung besteht. sind beide Pupillen etwas enger als im normalen Zustande, aber gleich. Die Blässe und Kühle ist so gut wie immer doppelseitig. Da. wo Gefässverengerung besteht. ist die Lidspalte nicht erweitert. sondern gerade wie bei der vorigen Form verengert. auch in den seltenen Ausnahmefällen von einseitiger Pupillenerweiterung. Das Auge kann geröthet sein und thränen sowohl bei Gefässverengerung als bei Gefässerweiterung im Gesichte. Die Arteria temporalis ist ebenfalls in beiden Fällen auf der Seite des Schmerzes verdickt. Ephidrosis unilateralis ist selten. kann aber ebenfalls sowohl bei blassem. als bei kühlem Gesichte bestehen. Die Wirkung der Carotidencompression ist ganz unbeständig. Der Sehnervenhintergrund ist fast immer ganz normal (Liveing. H. Cohn. Gowers u. A.). mag das Gesicht warm oder kalt sein.

Folgendes wäre etwa noch zu erwähnen. Im Allgemeinen scheint der Gefässkrampf im Gesicht nur bei schweren Anfällen vorzukommen. Zuweilen geht anfängliche Blässe während des Anfalles in Röthe über. Auch am Ende des Anfalles kann. wie Dubois es zutreffend schildert. die Gefässverengerung in Erweiterung umschlagen: das erst kühle blasse Ohr wird dann roth und heiss. Bei manchen Kranken ist in dem einen Anfalle der Kopf roth. im anderen blass. Bemerkenswerth ist auch das fleckweise Erröthen. Im Anfange des Anfalles zeigt sich etwa über dem Auge eine thalergrosse rothe Stelle, die allmählich wächst. Einer meiner Kranken bekam zwei rothe Flecken, einen auf der Stirne und einen auf der Wange. Ausser am Kopfe kommt auch an den peripherischen Theilen Gefässzusammenziehung vor, und zwar können sowohl bei kaltem als bei warmem Kopfe die Kranken eiskalte Hände und Füsse haben. an Frieren oder Frostschauern leiden. Der Radialpuls ist manchmal klein. Er soll zuweilen auch verlangsamt sein. doch ist eine Herabsetzung der Frequenz. wie sie Möllendorf und Gowers beschrieben haben. nämlich von 71—75 auf 56—48 Schläge. eine seltene Ausnahme. Endlich sind die Schleimhautblutungen zu erwähnen. Nasenbluten kann. wenn Gefässerweiterung besteht. im Laufe des Anfalles eintreten. Zuweilen verknüpft sich auch der Anfall mit Hämorrhoiden-Blutungen.

ε) Sichtbare Veränderungen am Auge. Diese Veränderungen sind im Vorigen schon erwähnt worden. Abgesehen von der Röthung der Bindehaut und dem Thränenfliessen kommt am häufigsten Verengerung der Lidspalte vor. Meist ist sie doppelseitig. aber bei einseitigem Schmerze auf der Seite des Schmerzes stärker. Ich möchte glauben. dass es sich hier um eine unwillkürliche Bewegung handle. denn. abgesehen davon. dass bei allen depressiven Zuständen die Lidspalten enger sind. scheut der Migränekranke das Licht und jede Bewegung der Augen thut ihm weh. Schliessen der Augen erleichtert und auch Zuhalten des Auges der schmerzenden Seite ist wohlthätig. Daher wäre eine instinctive Verkleinerung der Augenspalte wohl begreiflich. Uebrigens ist die Erscheinung in ausgeprägter Form nicht gerade häufig. Von meinen Kranken erwähnten vier, dass das eine Auge klein sei.

Viel seltener sind Pupillenveränderungen. Wie bekannt ist, findet man bei vielen schmerzhaften Erkrankungen des Auges oder der Umgebung des Auges Enge der Pupillen. Es wäre also nicht verwunderlich, wenn man sie auch bei Migräne fände. Thatsächlich aber ist eine zweifellose Verengerung der Pupillen recht selten. Ich habe sie nicht gesehen. Andere Autoren erwähnen sie zwar bei einzelnen Beobachtungen, geben aber, so viel ich sehe, keine Zahlen. Piorry z. B. spricht von einem resserrement remarquable de la pupille, sagt aber nicht, wie oft es vorkomme. Offenbar noch seltener ist Pupillenerweiterung. Ueber doppelseitige ist mir nichts bekannt. Die einseitige hat, wie oben erwähnt, zu theoretischen Zwecken eine grosse Rolle gespielt. Ich habe nichts davon gesehen. Ebenso scheint es Liveing gegangen zu sein. Eines will ich noch bemerken. Nervöse Menschen haben nicht selten dauernd einen geringen Pupillenunterschied. Dieser wächst, wenn sie sich krank fühlen, er kann auch beim Migräneanfalle wachsen, wie ich ein paarmal gesehen habe, aber er besteht dann selbstverständlich nicht als Migränesymptom.

5) Die Magen-Darmerscheinungen. Bei schweren Migräneanfällen können die Kranken nicht essen. Das Essen ist ihnen zuwider und wenn sie sich dazu zwingen, brechen sie es heraus. Es kann soweit kommen, dass auch jedes Mediciniren unmöglich wird, weil die Kranken alles erbrechen. Dabei braucht keine Uebelkeit zu bestehen und kann auch das Erbrechen bei Ruhe fehlen. Manche Kranke aber werden während des ganzen Anfalles von peinlicher Uebelkeit gequält. Gewöhnlich zeigt sie sich am Ende des Anfalles. In leichteren Anfällen kann sie erträglich und kurz sein, bis mit einigem Aufstossen der Anfall aufhört. Meist führt sie zu Erbrechen. Auch dieses verhält sich verschieden. In der grossen Mehrzahl der Fälle finden wir finales Erbrechen, zuweilen aber tritt es wiederholt während des Anfalles auf, ohne seinen Verlauf zu ändern. Es gibt Migränekranke, deren Zustand sehr an die Seekrankheit erinnert. Wie bei dieser besteht fortdauernd das Gefühl des Schwindels und der Uebelkeit; von Zeit zu Zeit, ohne wahrnehmbaren Anlass tritt Erbrechen ein, erst von Mageninhalt, dann von Schleim und Galle, denen sich zuweilen Blut beimischt; je häufiger das Erbrechen wiederkehrt, um so quälender wird es und um so stärkeres Würgen geht ihm voraus; dabei besteht dieselbe Abgeschlagenheit und Trostlosigkeit wie bei der Seekrankheit, so dass den Kranken alles ganz gleichgiltig wird, der Einfall der Welt ihnen willkommen wäre, wenn nur der Anfall aufhörte. Diese Zustände sind selten. Häufiger ist mehrfaches Erbrechen

während des Anfalles ohne weitere Erscheinungen. Entweder hat solches gar keinen Einfluss auf den Schmerz, oder es erleichtert vorübergehend. Weitaus am häufigsten ist das Erbrechen nur Schlusserscheinung. Gegen das Ende des Anfalles hin wächst die Uebelkeit und je nach dem Zustande des Magens kommt es zu leichtem oder qualvollem Erbrechen. Ist nämlich der Magen leer, so geht oft langes Würgen voraus, bis Schleim und Galle entleert werden. Dann fühlt sich der Kranke erleichtert, der Schmerz lässt nach und entweder ohne Weiteres oder durch einen ruhigen Schlaf kommt es zur Genesung. Da die Kranken den Erfolg des Erbrechens kennen, suchen sie es zuweilen künstlich, durch Kitzeln des Schlundes oder sonstwie, herbeizuführen. Es pflegt aber das künstliche Erbrechen nutzlos zu sein, wenn nicht so wie so das Ende des Anfalles bevorsteht. Tissot erzählt von einer Kranken, die trotz ihres Ruhebedürfnisses im Anfalle einen Wagen bestieg, weil es so rascher zum Erbrechen kam.

Besondere Bemerkungen über das Erbrochene werden in der Regel nicht gemacht. Einige Kranke, die in jedem Anfalle wiederholt erbrachen, bemerkten freiwillig, das Erbrochene sei ausserordentlich sauer. Untersuchungen habe ich nicht vornehmen lassen, kann mir auch nicht denken, dass durch Säurebestimmungen eine sonderliche Aufklärung zu erlangen wäre. A. Wallace sagt von seinen Anfällen, die Stärke des Kopfschmerzes sei immer der Menge der Magensäure proportional, und er fühlt sich erleichtert, wenn er alkalisches Wasser trinkt. Auf jeden Fall lässt sich aus diesem Falle keine Regel machen.[1]) Angaben über Blutbrechen habe ich dreimal erhalten, besonders ein 10jähriges Mädchen behauptete und die Mutter bestätigte es, dass sie in jedem Falle neben Schleim hellrothes Blut erbreche. Gesehen habe ich das Blut nicht.

[1]) M. J. Rossbach (Nervöse Gastroxynsis als eine eigene, genau charakterisirbare Form der nervösen Dyspepsie. Deutsches Archiv f. klin. Med. XXXV, p. 383, 1884) beschreibt Anfälle von übermässiger Säurebildung im Magen als nervöse Gastroxynsis (γαστηρ, οξυς). Sie seien bisher als acuter Magenkatarrh oder als Migräne betrachtet worden, seien aber eine besondere Krankheit. Die Anfälle sollen besonders bei Leuten, die sich geistig anstrengen, vorkommen, einen bis drei Tage dauern, alle Wochen oder alle ein bis zwei Monate wiederkehren, zuweilen in der Jugend, zuweilen im reifen Alter beginnen. Sie fangen entweder mit Kopfschmerz an oder mit einem höchst unangenehmen Gefühle von Schärfe, Aetzung im Magen, dem dann der Kopfschmerz folge. Beide Erscheinungen wachsen, die Kranken sehen blass und verfallen aus, klagen über Schmerzen auch in den Augen, zuweilen über Kriebeln in einem Arme. Dann kommt es zu Erbrechen und wenn der Magen entleert ist, hört der Kopfschmerz auf. Die erbrochenen Massen sind stark sauer, enthalten viel freie Salzsäure, daneben Milchsäure. Im Anfalle erleichtert Trinken warmen Wassers.

Ich habe früher gesagt, dass die Rossbach'schen Anfälle von Gastroxynsis als hemikranische Aequivalente angesehen werden könnten. Es ist wohl richtiger, sie als eine Abart der Migräne zu betrachten. Wovon es abhängt, dass bei einzelnen Migränekranken starke Säurebildung vorkommt, bei den meisten nicht, das wissen wir nicht.

Von 85 Kranken hatten **68** Erbrechen. **17** keins. Von jenen gaben manche an, dass sie früher oft erbrochen hätten, es aber nicht mehr thäten. Viele hatten auch zwischendurch leichtere Anfälle, in denen sie nicht erbrachen. **21** hatten fast stets Anfälle mit mehrfachem Erbrechen (nicht nur terminalem). Obwohl bei **17** Erbrechen fehlte, hatten doch auch **13** dieser Kranken am Ende des Anfalles Uebelkeit. (Die unvollständigen Anfälle ohne Kopfschmerz sind hier nicht berücksichtigt.) Liveing giebt an, dass von **60** Kranken **23** immer oder gewöhnlich Erbrechen im Anfalle hatten. **25** hatten nur Uebelkeit oder nur gelegentlich Erbrechen. Henschen fand (nach Thomas) bei **54** von **103** Uebelkeit und Erbrechen.

Auch der Darm kann ergriffen werden: obwohl viel seltener als Erbrechen kommen wässerige Entleerungen in analoger Art vor. Einzelne Kranke haben während des Anfalles mehrmals Durchfall, bei anderen beendet nach längerem Gurren oder auch Schneiden ein wässeriger Stuhlgang den Anfall. Zuweilen tritt auch eine normale Stuhlentleerung als Terminalerscheinung auf: sobald sie erfolgt ist, lässt der Schmerz nach. Aber die Angabe, dass Stuhlgang immer Hilfe bringe, ist nicht richtig. Manche haben trotz des Anfalles ihren gewöhnlichen Stuhlgang und sind nachher wie vorher. —

Anhangsweise sei gleich hier erwähnt, dass in vereinzelten Fällen auch andere »Krisen« den Anfall beenden können. Ich habe nie Erbrechen: schwerere Anfälle enden durch Uebelkeit und geruch- und geschmackloses Aufstossen, aber leichte Anfälle werden zuweilen durch krampfhaftes Niessen, das 10—12 mal wiederkehrt, beendet. Liveing und Tissot erwähnen Thränengüsse, Tissot Schweissausbrüche, Calmeil u. A. Nasenbluten, Polyurie. Einigemale habe ich beobachtet, dass ein Flimmerscotom den Schluss des Anfalles bezeichnete. Ein 14 jähriger Lehrling z. B., dessen Mutter und Grossmutter an Migräne, dessen Mutter ausserdem an Morbus Brightii litt, der seit acht Jahren alle vier Wochen einen Anfall hatte, wachte Nachts mit Stirnkopfschmerz auf. Am Nachmittage trat vor dem linken Auge Flimmern ein und gelbe Blitze zuckten von oben nach unten durch das Gesichtsfeld. Unmittelbar darauf trat Brechen ein und der Anfall war beendet.

--   ---

Auf jeden Fall scheinen mir die Auseinandersetzungen Rossbach's, nach denen die Säurebildung das Primäre sei, der Kopfschmerz und die übrigen Erscheinungen von ihr abhängen, ganz und gar nicht beweisend zu sein und ich sehe keinen Grund, die „Gastroxynsis" anzuerkennen. Wäre Rossbach nicht bei den Gelegenheitursachen stehen geblieben, so würde er wahrscheinlich gefunden haben, dass seine Patienten von gewöhnlichen Migränekranken abstammten. Da seit zehn Jahren Niemand etwas über die Rossbach'sche Krankheit gesagt hat, werden wohl auch Andere meiner Meinung sein.

4. Beginn. Dauer. Verlauf des Anfalles. Die Regel ist, dass der Anfall in der Nacht beginnt, derart, dass der Kranke beim Erwachen fühlt, dass er »seinen Tag« haben werde. Seltener zeigen sich die ersten Empfindungen schon am Abend, oder in der Nacht selbst, oder aber erst im Laufe des Tages. Einige Kranke legen sich mit dumpfem Kopfe nieder, schlafen schlecht und haben Früh schon ausgeprägten Kopfschmerz. Andere werden in der Nacht durch den Schmerz erweckt. Einer behauptete, er wache stets um 3 Uhr auf, wenn er seinen Anfall habe. In anderen Fällen ist früh das Befinden noch ganz gut, aber zwischen 9 und 10 Uhr oder gegen Mittag beginnt der Anfall. Soviel ich sehe, entsprechen besonders die gewöhnlichen Anfälle ohne visuelle Aura der hier erwähnten Regel, während die Augenmigräne, mag sie einen vollständigen Anfall oder ein petit mal darstellen, häufiger mitten im Tage beginnt.

Die durchschnittliche Dauer des Anfalles kann man zu etwa 12 Stunden angeben. Nicht selten nimmt er nur einen halben Tag in Anspruch, zuweilen nur einige Stunden. Gewisse unvollständige Anfälle (petit mal) können in einer Anzahl Minuten ablaufen, doch sehe ich vorläufig von ihnen ab. Häufiger, als man gewöhnlich denkt, ist eine Ausdehnung des Anfalles über einen Tag hinaus. Man muss da Verschiedenes unterscheiden. Manche Kranke haben gewöhnlich nur normale Anfälle, aber hie und da, durch Gelegenheitursachen oder ohne solche, kommt es vor, dass der Anfall an einigen Tagen hinter einander wiederkehrt. Andere geben an, dass regelmässig $1\frac{1}{2}$, 2, 2—3 Tage oder noch mehr in Anspruch genommen werden. In einzelnen Fällen treten schlimme Zeiten im Leben des Kranken ein, während deren er fast unaufhörlich von Anfällen geplagt wird. In allen diesen Fällen handelt es sich um Häufung von Anfällen ohne sozusagen cumulative Wirkung; die Nächte sind leidlich, zwischen je zwei Anfälle schiebt sich eine Pause ein, und der folgende Tag ist nicht wesentlich schlechter als der vorausgehende. Beim eigentlichen Status hemicranicus aber greift sozusagen ein Anfall in den anderen ein und der Zustand wird immer schlechter, neue Symptome treten auf und das Krankheitsbild ist anders, als es sich je im einzelnen Anfalle darstellt. Bildlich gesprochen haben wir gewöhnlich eine Ephemera vor uns, die annähernd periodisch wiederkehrt, aus ihr kann eine Intermittens werden, bei der Gruppen von Erhebungen bestehen und die Curve zwei-, drei- und mehrmal sich erhebt und wieder bis zur Abscisse sinkt; beim Status aber erhebt sich die Curve in staffelförmigem Anstiege zu einer mehr oder weniger bedrohlichen Höhe, auf der sie eine Zeit lang verharrt.

Am einfachsten ist es, die verschiedenen Verlaufsweisen in einigen Beispielen darzustellen. Nr. 1 wacht mit dumpfem Kopfe auf, kann bis Mittag ohne sonderliche Noth thätig sein, gegen Mittag werden die

Beschwerden deutlich grösser, das Essen bringt vorübergehende Erleichterung, dann wird der Schmerz so arg, dass der Kranke sich niederlegen
muss, gegen Abend tritt Uebelkeit ein, gegen 7 Uhr etwa kommt es
zum Erbrechen und nun lässt der Schmerz rasch nach, der Kopf ist noch
»wie eine Laterne«, der Kranke aber schläft leicht ein und erwacht am
anderen Morgen gesund. Bei Nr. 7 fehlt das Erbrechen, trotzdem kann
die Kranke etwa um 9 Uhr einschlafen und ist am anderen Morgen wieder
hergestellt. Nr. 87 wacht mit Kopfschmerz auf, muss alle zwei Stunden
erbrechen, etwa Abends um 6 Uhr aber hört der Anfall mit einem Male
auf. Nr. 67 wacht ebenfalls mit Kopfschmerz auf, manchmal tritt vor
Mittag vier- bis fünfmal Erbrechen ein, dann ist der Anfall Mittags zu
Ende, manchmal bleibt das Erbrechen aus, dann dauert er bis zum Abend.
Nr. 103 wacht mitten in der Nacht mit Kopfschmerz auf und kann nicht
wieder einschlafen, steht sie recht früh auf, so verliert sich bald darnach
der Schmerz, bleibt sie liegen, so dauert er den ganzen Tag an. Nr. 59
bekommt entweder Abends Schmerzen, schläft dann schlecht, wird wiederholt vom Schmerz geweckt und erbricht Früh nach dem Aufstehen, oder
sie wacht Früh mit Schmerz auf und erbricht erst Abends. Nr. 95 hatte
früher nur einige eintägige Anfälle, seit der Menopause dauern sie zwei
Tage. Bei Nr. 108 trat stets erst am Nachmittage des zweiten Tages das
befreiende Erbrechen ein. Bei Nr. 80, 101, 102 dauerten die Anfälle
stets drei Tage, aber die Nächte waren gut. Bei Nr. 21 und 91 kamen Anfälle
vor, die acht Tage lang anhielten, d. h. sich an jedem folgenden Tage
wiederholten. Damit sind die Variationen noch lange nicht erschöpft. Eine
Ausnahme ist der folgende Fall. Bei einer 47jährigen Frau, deren Mutter
an Migräne gelitten hatte und die selbst von der Kindheit an Anfälle
gehabt hatte, besonders zur Zeit der Periode, hatte seit $1\frac{1}{2}$ Jahren, d. h.
seit dem Aufhören der Periode, die Krankheit ihren Charakter geändert.
Der Schmerz, der bald rechts, bald links sass und im Auge am stärksten
zu sein schien, erreichte eine unerträgliche Höhe, so dass die Kranke
manchmal laut schrie und in Knieellenbogenlage den Kopf in die Kissen
bohrte. Nie trat ein Scotom auf, Erbrechen kam vor, fehlte aber in den
meisten Anfällen. Der Schmerz begann bald Früh, bald Mittags, bald
Abends. Im letzteren Falle dauerte er die ganze Nacht an. In manchen
Monaten wurden 20 Anfälle gezählt. Durch das fortdauernde Leiden
wurde die Kranke nervös, appetit- und schlaflos, aber nie ergab die
genaueste Untersuchung irgend eine objective Veränderung, besonders war
der Augenhintergrund immer normal. Jede Behandlung war gänzlich
erfolglos. Zwei Jahre lang hatte die Kranke mehr Anfallstage als
freie Tage und oft war die Pause nur einen halben Tag lang. Dann
wurde der Zustand besser und es blieb nur eine gewöhnliche Migräne
zurück.

Im folgenden Falle trat am Schlusse der dreitägigen Anfälle eine eigenthümliche Erscheinung auf. Eine 25jährige Frau (Nr. 86), deren Mutter und Schwester an gewöhnlicher Migräne litten, hatte seit ihrem 10. Jahre durchschnittlich einmal in der Woche einen leichten Anfall gehabt. Seit zwei Jahren waren die Anfälle ohne ersichtlichen Anlass schlimmer geworden. Sie erwachte mit Schmerzen in der rechten Stirn und im rechten Auge. Das Gesicht war bleich und verfallen, die Kranke sah alles »wie im Nebel«. Nachmittags trat ein- bis dreimal Erbrechen ein, ohne Besserung. Die Nacht war gut, aber am nächsten Tage kehrte der Schmerz zurück. Entweder dauerte er nur bis Mittag und hörte ohne Erbrechen auf, oder der zweite Tag verlief wie der erste und erst der dritte Tag brachte Befreiung. Wenn das letztere der Fall war, schossen am Morgen des dritten Tages Bläschen am rechten Nasenflügel und an der rechten Oberlippe auf, ohne dass diese Theile weh gethan hätten. Als die Kranke zu mir kam, hatte sie eben einen Anfall überstanden und am rechten Nasenflügel sah man eine Gruppe von Herpesbläschen. Ausser Anämie war keine objective Veränderung vorhanden.

Ein 20jähriger Mann hatte in der Kindheit eine fieberhafte Gehirnerkrankung, angeblich eine Meningitis, überstanden. Sein Schädel war auffallend gross, sonst bestand keinerlei Zeichen organischer Erkrankung. Eine Tante litt an Migräne. Seit dem fünften Lebensjahre hatte der Kranke Anfälle von Kopfschmerzen und in den späteren Schuljahren waren diese so arg geworden, dass er die Schule verlassen musste und trotz verschiedener Versuche in keinem Berufe ausharren konnte. Zeitweise kam es zu einem Zustande, den man füglich Etat de mal nennen konnte. Gewöhnlich begann der Schmerz nach einer geringfügigen Anstrengung. In der ersten Nacht konnte der Kranke noch ein paar Stunden schlafen, am nächsten Tage erbrach er Alles, die zweite Nacht war schlaflos. Der Kranke wurde theilnahmelos, zwischendurch sehr gereizt, lag meist apathisch im Bett. Auch die dritte Nacht pflegte schlaflos zu sein und erst am vierten Tage nahm der Schmerz ab und konnte der Kranke wieder vorsichtig kleine Nahrungsmengen zu sich nehmen. Der Schmerz war auch in diesem Falle bald rechts, bald links, der Kopf war beiderseits sehr heiss.

Einen besonders schweren Fall von Status hemicranicus hat Ch. Féré beschrieben. Der 43jährige Kranke, dessen Mutter an Migräne gelitten hatte, war seit dem 19. Jahre von dem Uebel geplagt. Jahrelang handelte es sich nur um zwei- bis dreimal im Monate wiederkehrende Anfälle schwerer einfacher Migräne. Seit 1870 war auch eine visuelle Aura aufgetreten: bald Hemiscotoma, bald leuchtende Erscheinungen in einer Hälfte des Gesichtsfeldes, dabei Spannung und Schmerzen im Auge. Seltener waren Ohrgeräusche: Sausen oder Pfeifen. Nur ein paarmal waren Geschmacks- und Geruchstäuschungen vorgekommen. Dagegen begleiteten

Schwächegefühl des Armes und der Hand, sowie Spannung und Schwere im Gesicht sehr oft den Anfall. Nur zweimal wollte der Kranke Zuckungen im Gesicht und Arme bemerkt haben. Die Kopfschmerzen waren rechts, die Aurasymptome links. In einigen Anfällen hatte der Schmerz gefehlt, war es aber zu Parese der linken Körperhälfte gekommen. Im Jahre 1888 hatte der Kranke nach ernsteren Gemüthsbewegungen zum ersten Male einen Status hemicranicus: Anfälle an fünf Tagen hinter einander. Nach einigen Monaten eine zweite Reihe, die zu einer Art von Stupor führte. Die Temperatur blieb normal. Im Jahre 1889 eine dritte Reihe, die aus neun Anfällen bestand und vier Tage dauerte; dabei vollständige Hemiplegie; nach dem Status tagelange Geistesschwäche. Nach einigen Monaten linksseitiger Kopfschmerz nach rechtsseitigem Flimmerscotom und vollständiger motorischer Aphasie. Nach längerer Dauer des Anfalles sah Féré den Kranken und fand ihn stuporös, mit Cyanose, keuchender Athmung, vollständiger Unempfindlichkeit. Nach langer Zeit erwachte der Kranke ohne Schmerz, aber mit Hemianopsie und Hemiparese, die noch einen Tag andauerten. Zwischen den Anfällen war nichts Krankhaftes zu finden. Die Brombehandlung war erfolgreich, doch gelang es erst mit 8 g pro die die Anfälle zu unterdrücken.

5. Unvollständige Anfälle. Im vollständigen Anfalle folgt auf irgendwelche Vorläufer-Erscheinungen die visuelle Aura, die etwa 15 Minuten dauert; ihr schliessen sich die halbseitigen Parästhesien an, zu denen, besonders wenn sie rechts auftreten, Aphasie und andere seelische Störungen sich gesellen können und die etwa auch 15 Minuten dauern; dann folgt der Kopfschmerz, der durchschnittlich 10—12 Stunden anhält und von Uebelkeit und Erbrechen begleitet sein kann; letztere Erscheinungen treten wenigstens am Schlusse des Anfalles auf. Es ist nun kein Zweifel daran möglich, dass die grosse Mehrzahl der Anfälle unvollständig ist. Insbesondere fehlt die Aura sehr oft. Da andererseits diese nicht selten in den Vordergrund tritt, weil ihre Erscheinungen dem Kranken besonders auffällen, ja schrecklich sind und weil da, wo sie stark ausgeprägt ist, der eigentliche Anfall kurz und schwach sein, ja ganz fehlen kann, stellt man nicht selten der »gewöhnlichen Migräne« die »Augenmigräne« als besondere Form gegenüber. Besonders Galezowski und die Schule Charcot's, am schroffsten Féré, haben die Migraine ophthalmique als une affection véritablement autonome von »den anderen Migränen« abzutrennen versucht.[1] Diese Irrlehre ist gänzlich unhaltbar und ich begreife gar nicht, wie man sie ernstlich vertheidigen kann. Fast alle Kranken mit Augenmigräne leiden auch an Anfällen gewöhnlicher Migräne.

[1] Migraine ophthalmique heisst Migräne mit visueller Aura, Migraine ophthalmique accompagnée ou associée heisst Migräne mit visueller und sensorischer Aura. Tritt die sensorische oder die psychische Aura allein auf, so haben wir une migraine dissociée.

Gewöhnlich sind diese die Regel und jene kommt nur hie und da vor. Oft bestehen lange Zeit nur Anfälle gewöhnlicher Migräne und erst unter dem Einflusse besonderer Gelegenheitursachen findet sich auch die Aura ein. Umgekehrt kann im Laufe der Zeit die Aura verschwinden und aus der Augenmigräne eine gewöhnliche Migräne werden. Zwar ist es nicht gerade selten, dass bei der Vererbung dieselbe Form der Migräne wiederkehrt. gewöhnlich aber findet man, dass die Ascendenten der Kranken mit Augenmigräne an gewöhnlicher Migräne gelitten haben, oder auch dass ihre Kinder an dieser leiden. Das, was die französischen Autoren zu ihrer wunderlichen Behauptung bewogen hat, ist offenbar der Umstand. dass nicht selten die Anfälle mit ausgeprägter Aura ein ernsteres Leiden darstellen als die Anfälle ohne Aura. Das liegt aber doch in der Natur der Sache. Es kommt noch ein zweites dazu. Die symptomatische Migräne bei groben Gehirnerkrankungen stellt sich oft als Augenmigräne dar. Von Féré's Beobachtungen beziehen sich mehrere auf grobe Gehirnerkrankungen und auch Galezowski mischt solche Fälle unter die übrigen. Nun ist es aber offenbar unzulässig, aus dem üblen Verlaufe grober Gehirnerkrankungen mit symptomatischer Migräne auf die Bedeutung der Aura überhaupt zu schliessen. Auch haben die Vertheidiger der selbständigen Augenmigräne übersehen, dass nicht wenige Fälle von dieser nichts weniger als bedenklich sind und dass alle möglichen Uebergänge zwischen gewöhnlicher und Augenmigräne vorkommen. Die Lehre von der doppelten Migräne ist übrigens in Frankreich selbst bekämpft worden (Armangué. Rubiolis. Thomas u. A.) und hat anderwärts wenig Anklang gefunden, besonders will Gowers nichts von ihr wissen, er schliesst sich ganz an die vortreffliche Darstellung Liveing's an, der die Migräne als einheitliche Krankheit behandelt.

Es fragt sich nun, wie sind die thatsächlichen Verhältnisse? Wie oft kommt die visuelle Aura vor? Mir scheint, dass ihre Häufigkeit sehr überschätzt worden ist. Liveing gibt an, dass sie in 37 von 60 Fällen vorhanden gewesen sei. Aber diese 60 Fälle sind ausgewählt und es ist begreiflich, dass mehr Fälle mit Aura, mit einer überaus merkwürdigen Erscheinung, als Fälle ohne Aura, bei denen es sich nicht der Mühe lohnt, beschrieben werden. Gowers sagt, dass wenigstens in der Hälfte der Fälle als erstes Symptom visuelle Störungen auftreten, gibt aber nicht an. ob er diese Schätzung Liveing entnommen oder aus der eigenen Erfahrung gewonnen hat. Meine Zahlen sind ganz anders. Unter 130 Migränekranken waren nur 14 mit visueller Aura. Von diesen 14 hatten, um dies gleich zu sagen, nur 4 auch eine sensorische Aura und 3 Aphasie. Ausserdem habe ich noch etwa 10 Kranke mit Augenmigräne behandelt. Ich habe mich bei Augenärzten erkundigt, auch sie bezeichnen das Flimmerscotom als eine seltene

Krankheit. Dagegen hat Galezowski 76 Fälle beobachtet. Berbez in zwei Jahren 10 ausgesprochene und 5 oder 6 »weniger interessante« Fälle. Ob dies nur an der Grösse des Materials liegt, weiss ich nicht. Weitaus die meisten neueren Beobachtungen von Augenmigräne stammen aus Frankreich, dies und der Umstand, dass bei uns von Zeit zu Zeit einzelne Fälle von Augenmigräne als etwas seltenes beschrieben werden, lassen vermuthen, dass wirklich die Aura in Deutschland seltener vorkomme. Galezowski gibt an, dass die Augenmigräne gewöhnlich im Alter zwischen 30—60 Jahren auftrete, also viel später als die gewöhnliche Migräne. Diese Angabe erklärt sich daraus, dass, wie Galezowski selbst sagt, die meisten Kranken vorher an gewöhnlicher Migräne gelitten haben, und daraus, dass Galezowski die symptomatische Migräne nicht abgesondert hat.

　　Auch da, wo die visuelle Aura vorhanden ist, fehlen oft die sensorische Aura und die Aphasie. Sehr oft fehlen dann die Vorläufer-Erscheinungen. Mitten im guten Befinden, zu jeder Stunde des Tages kann die Augenmigräne beginnen. Der Kopfschmerz ist meist vorhanden, ist aber oft schwächer und dauert kürzer, als bei den gewöhnlichen Anfällen. Er kann aber auch ganz fehlen und dann besteht die interessante Form der Migräne ohne Kopfschmerz, die ausschliesslich von der visuellen Aura gebildet wird. Parry und Sir G. Airy z. B. litten an dieser Form. Ich kenne eine Dame, die bis zu ihrem 45. Jahre nie Kopfschmerz gehabt hat, aber seit der Kindheit an »Flimmern« gelitten hat. Plötzlich füllte sich das ganze Gesichtsfeld mit leuchtenden, zitternden Punkten, die die Kranke am Sehen hinderten und nach 10—15 Minuten wieder verschwanden. Erst seit dem 45. Jahre, bei übrigens ungestörter Monatsregel, folgt dem Flimmern halbseitiger Kopfschmerz, der gewöhnlich $\frac{1}{2}$—1 Stunde anhält.

　　Zuweilen soll Erbrechen der visuellen Aura folgen, ohne dass sich Kopfschmerz gezeigt hätte.

　　Fehlt die visuelle Aura, so kann doch die sensorische (mit oder ohne Aphasie) dem Anfalle vorausgehen. Lebert litt an dieser Form; Lepois, Parry, Liveing u. A. beschreiben solche Fälle, auch ich habe einige beobachtet, immerhin sind sie recht selten und bei manchen Beobachtungen ist die schwierige Frage, ist es noch Migräne oder schon Epilepsie, vielleicht nicht bestimmt zu beantworten.

　　Die häufigste Form der unvollständigen Anfälle und damit der Migräne überhaupt, die »Migraine vulgaire«, besteht aus Kopfschmerz und Erbrechen oder aus Kopfschmerz allein.

　　Es gibt aber auch Fälle, in denen der Kopfschmerz fehlt und das Erbrechen die Pièce de resistance des Anfalles bildet. Eine 53jährige Wäscherin, deren Mutter an gewöhnlicher Migräne gelitten hatte, war seit ihrem 18. Jahre erst alle vier Wochen, später alle acht Tage von eigenthümlichen Anfällen heimgesucht worden. Sie wurde plötzlich von Angst erfasst, eine peinliche Empfindung zog vom Rücken nach der Magengegend und nach längerem Würgen wurde zwei- bis dreimal »bittere Galle« erbrochen. Die Menopause war mit 48 Jahren eingetreten, hatte nichts an den Anfällen geändert. Erst seit einem halben Jahre waren diese mit Kopfschmerzen und Hitze in der Scheitelgegend verbunden. Die Engländer sprechen in den Fällen, in denen der Kopfschmerz fehlt, nach M. Hall von sick-giddiness, wie es scheint auch dann, wenn eigentlicher Schwindel nicht vorhanden ist.

Anhangsweise sei noch etwas über die hemikranischen Aequivalente gesagt. Ich bin überzeugt, dass es solche gebe, aber man weiss noch recht wenig über sie und im einzelnen Falle ist es oft schwer zu sagen, ob nervöse Zufälle bei Migränekranken, die man als Vertreter des Anfalles ansehen könnte, nicht eine Sache für sich sind, denn die meisten Patienten sind eben Nervöse und als solche verschiedenen Zufällen ausgesetzt. Vielleicht können manche Anfälle eigenthümlicher Magen-Darmstörungen larvirte Migräne sein. Wenigstens scheint dies aus einer Beobachtung Liveing's hervorzugehen. Ein Herr A., ein Arzt, der aus einer Migränefamilie stammte und dessen Sohn an Augenmigräne litt, erzählte, er habe mit 16 Jahren bei im Uebrigen vortrefflicher Gesundheit Anfälle eigenthümlicher Magenschmerzen bekommen. Sie begannen zu einer beliebigen Stunde, hatten keine Beziehung zur Diät, bestanden in einem anfänglich geringen, tiefsitzenden Schmerze, der in zwei bis drei Stunden zu unerträglicher Höhe anstieg und dann wieder abnahm. Dabei bestand Uebelkeit, waren die Glieder kalt, der Puls verlangsamt. Die Anfälle kehrten einige Jahre durch etwa einmal im Monate wieder und während der ganzen Zeit war der Puls langsamer als vorher und nachher. Dann trat plötzlich ein centrales Scotom, dem Flimmern folgte, auf und leitete den ersten Migräneanfall ein. Seitdem litt Herr A. an Augenmigräne, die Anfälle von Magenschmerz aber waren verschwunden. Derselbe Patient bekam mit 37 oder 38 Jahren nächtliche Anfälle von Glottiskrampf, die Liveing auch als Transformation der Migräne auffasst. Nach diesem Autor hat schon Dr. Dwight auf den Wechsel von Kolikanfällen und Migräneanfällen bei bestimmten Kranken und auf die Gleichartigkeit beider Anfälle in ihrer Periodicität und in ihrem Verhalten gegen die Therapie aufmerksam gemacht.

Ferner können möglicherweise die Migräneanfälle durch Anfälle von Schwindel oder von seelischer Verstimmung (Angst, Depression mit körperlicher Schwäche u. A.) vertreten werden. Ich habe einige Beobachtungen gemacht, die ich so deuten möchte, aber sie waren nicht überzeugend und ich habe auch sonst keinen einwandfreien Fall aufgefunden. Es dürfte sich empfehlen, auf die Migräne-Aequivalente in Zukunft sorgfältiger zu achten.

6. Die Ursachen des Anfalles. Wir haben gesehen, dass die Migräne (vielleicht mit einigen Ausnahmen) auf ererbter Anlage beruht. Wie bei allen endogenen Krankheiten können auch hier die verschiedensten Umstände Ursache des Offenbarwerdens der Anlage sein. Es ist wohl denkbar, dass es manchmal bei der Anlage bleibe, dass trotz ihrer unter günstigen Umständen das Leben ohne Migräneanfälle verfliesse. Solche Leute wären Migränekranke κατα δυναμιν und könnten vielleicht ihre Anlage vererben, obwohl sie keinen Gebrauch von ihr gemacht haben. Wie dem auch sei, man wird an die Möglichkeit eines solchen Verhaltens denken müssen, wenn die Migräne Generationen überspringt. Da kein Mensch frei von schädlichen Einwirkungen bleibt, müsste bei latenter Migräne die ererbte Anlage eine geringe Stärke haben. Darauf, dass die Migräneanlage einen verschiedenen Grad haben kann, leitet auch die Beobachtung, dass Manche von früher Kindheit an, Manche erst seit der späteren Jugend leiden, dass ohne nachweisbare Unterschiede in der Lebensweise hier die Anfälle häufig und schwer, dort selten und leicht sein können. Gibt man die Gradunterschiede in der Anlage zu, so kann man annehmen, dass der Bedeutung der Anfallursachen der Grad der Anlage umgekehrt proportional sein werde. Je stärker die Anlage ist, um so unbedeutendere Anlässe können Anfälle bewirken, je schwächer jene, um so entschiedener werden Gelegenheitursachen gefordert. Wie nach der einen Seite hin die Latenz der Migräne das Extrem darstellt, so muss es andererseits bei maximaler Anlage trotz der normalsten Lebensführung zu Anfällen kommen. Man wird also thatsächlich aus der Nichtigkeit der wirksamen Anlässe auf den Grad der Anlage schliessen können. In praxi ist freilich die Sache nicht so einfach, weil sich noch ein dritter Factor einschiebt, den man das Niveau der Gesundheit nennen kann. Es kann z. B. ein Mensch von Anfällen ganz verschont bleiben, bis er eine infectiöse Krankheit, etwa einen Scharlach oder einen Typhus, durchgemacht hat; von da an aber rufen Anlässe, die früher unwirksam waren, Anfälle hervor. Oder es kommen nur selten leichte Anfälle vor, bis eine schwere Geburt das Niveau ändert; seitdem werden die Anfälle häufig und schwer. Wir werden also ausser der angeborenen Anlage und den Ursachen der Anfälle im engeren Sinne auch alle die Einwirkungen zu nennen haben, die zwar nicht direct Migräne machen, aber die Widerstandsfähigkeit des Menschen gegen Schädlichkeiten herabsetzen, und es ist vielleicht rathsam, mit ihnen zu beginnen.

Die schwächenden Einflüsse sind natürlich hier dieselben wie sonst: infectiöse Krankheiten, Intoxicationen im engeren Sinne, besonders andauernder Alkoholgebrauch, Traumata, Entbehrungen, Ueberanstrengungen aller Art. Zu den Anstrengungen gehören häufige Geburten, lange Lactation. Traumata mögen nicht oft in Frage kommen, aber Gowers erwähnt einen

Kranken mit ererbter einfacher Migräne. der unmittelbar nach einem Sturze einen schweren Anfall mit Hemiscotom bekam und seitdem an Augenmigräne litt. Ganz besonders aber sind zu nennen gemüthliche und intellectuelle Anstrengungen. Jene kommen ohne diese, diese wohl kaum ohne jene vor. Kummer. Sorgen. anhaltender Aerger einerseits. Schulstrapazen, productive Geistesarbeiten, verantwortliche Thätigkeit andererseits machen in hohem Grade empfänglich für die Gelegenheitursachen, »migräneempfänglich« (s. v. v.). Ich habe im ersten Abschnitte gezeigt, dass die Stände ziemlich gleichmässig an der Migräne betheiligt sind. Trotzdem gilt die Migräne von altersher für eine Krankheit der Geistesarbeiter und es ist wohl an dieser Meinung etwas. Die unteren Classen sind nicht migränefrei, weil sie der Mehrzahl der schwächenden Einflüsse mehr ausgesetzt sind als die oberen. Aber innerhalb dieser scheinen wirklich die Kopfarbeiter, die diesen Namen verdienen, besonders an Anfällen zu leiden. Ganz zweifellos ist auch der Einfluss der Schule. Die meisten »Schulkopfschmerzen« sind wahrscheinlich wirklich Migräne. Was wir die Schattenseiten der Civilisation nennen, setzt sich zusammen aus allerhand Giftwirkungen. Aufenthalt in geschlossenen Räumen mit mehr oder weniger verdorbener Luft. Gasvergiftung. Schädigung durch schlechte Nahrungsmittel, Alkohol. Mangel an Schlaf. Ueberreizung der Sinne durch Lärm u. A., gemüthlicher und geistiger Ueberanstrengung. In diesem Sinne steht natürlich die Civilisation unter den migränefördernden Umständen in erster Reihe.

Zweierlei Missverständnisse sind zu vermeiden. Erstens die Meinung. die schwächenden Einflüsse seien ausreichende Ursachen der Migräne. Ich glaube das nicht, wenigstens scheint es mir nicht bewiesen zu sein und ich wiederhole, dass für die weit überwiegende Mehrzahl der Migränefälle heutzutage die ererbte Anlage conditio sine qua non ist. Zweitens geht meine Ansicht nicht dahin. dass die Trennung zwischen den fördernden Einflüssen und den Gelegenheitursachen streng durchzuführen sei. Vielmehr sind alle das Individuum treffenden Einwirkungen Gelegenheitursachen und jede vorausgehende wirkt im Verhältnisse zur folgenden prädisponirend. Durch häufige Wiederkehr wird der einfache Anstoss zum fördernden Einflusse und auch die Ordnung in der Zeit kann das Verhältniss ändern.

Unter den eigentlichen Gelegenheitursachen stehen. wie mir scheint. die seelischen Anstrengungen zu oberst. Besonders Aerger ruft häufig Anfälle hervor. häufiger, als man nach den ersten Angaben der Leute denken sollte. Diese sind immer geneigt. zuerst etwas Aeusseres zu beschuldigen. und oft erfährt man erst bei dringlichem Befragen den wahren Sachverhalt. Aber auch intellectuelle Anstrengung kann Anfälle machen. Ich habe oft an mir Gelegenheit gehabt. zu beobachten. wie ganz verschieden die einzelnen Thätigkeiten wirken. Referiren kann ich bis in die Nacht hinein ohne Schaden, sobald es sich aber um selbständige Combination und die Fassung eigener Gedanken handelt, darf ich die Arbeit nicht lange fortsetzen, ohne für den nächsten Tag fürchten zu müssen.

An die geistigen Ueberreizungen schliessen sich die der Sinne an. Aufenthalt in Räumen mit vielen Kerzen, Besuch von Theater und besonders von Concert, Abendgesellschaften, Volksfesten u. s. w., Alles kann den Anfall hervorrufen und man weiss oft nicht, was dabei am meisten »abspannt«.

Ganz besonders schädlich ist, nicht in allen, aber in vielen Fällen der Alkohol. Viele Kranke können selbst kleine Mengen geistiger Getränke nicht vertragen, ohne am selben oder am nächsten Tage einen Anfall zu bekommen. Bei einem Arzte, den Liveing kannte, rief selbst der Schluck Wein, der beim Abendmahle genossen wird, den Anfall hervor. Hier kann man wohl an eine Idiosynkrasie oder an Suggestion denken. Andere Kranke vermögen zwar eine Kleinigkeit von Wein oder Bier zu geniessen, sobald aber das kleine Maximum überschritten wird, ist der Anfall da. Ich habe meine ersten stärkeren Anfälle bekommen, als ich während der Studienzeit etwa 1 Jahr lang grössere Alkoholmengen genossen hatte, ohne dass ich je stark getrunken hätte, und seitdem besteht eine fast vollständige Intoleranz gegen Alkohol. Da unsere ganze Geselligkeit auf den Alkohol gegründet ist und die meisten socialen Beziehungen den Meisten ohne Alkohol undenkbar sind, nennt A. Wallace die Migräne mit Recht an unsocial malady. Sie ist es um so mehr, als viele Kranke, ohne zu trinken, durch jede grössere Gesellschaft und die von ihr untrennbaren Widerwärtigkeiten geschädigt werden.

Wenn nun auch die Umstände, wegen deren wir unseren Schlaf zu kürzen pflegen, oft den Anfall hervorrufen, so kann man doch die Schlaflosigkeit nicht zu den directen Ursachen rechnen. Viele Kranke geben mit Bestimmtheit an, dass sie fast nie nach einer schlechten Nacht einen Anfall bekommen, aber um so eher einen solchen erwarten können, je tiefer und länger sie geschlafen haben. Oft mag ja der bleierne Schlaf schon eine Aeusserung des Anfalles sein, aber man gewinnt doch den Eindruck, als ob besonders während des Schlafes die inneren Umstände eintreten, die den Anfall auslösen.

Körperliche Anstrengung wird selten den Anlass geben. So leicht sie den vorhandenen Anfall verschlimmert, sie ruft ihn doch nicht hervor. Wenn es so scheint, sind meist noch andere Umstände im Spiele. Erhitzung des Kopfes durch Sonnenstrahlen, Congestionen durch die Anstrengung oder sonst etwas. Anstrengende Thätigkeit im Freien wirkt sogar meist günstig. Manche haben während ihrer Militärzeit gar keine Anfälle. Ein Handwerker, der an schwerer Migräne litt, sagte mir, dass er während der Wanderschaft ganz frei gewesen sei. Diejenigen, denen ihr moralisches Gefühl nicht die Theilnahme an Jagden verleidet, fühlen sich während der Jagdzeit oft ganz frei von Anfällen.

Geschlechtliche Ueberanstrengung gehört zweifellos zu den Gelegenheitursachen. Uebermässige Wärme, sowohl den Kopf treffende Sonnenstrahlen, als strahlende Ofenwärme, kann, besonders wenn der Mensch an sie noch nicht gewöhnt ist, schädlich wirken.

Sehr überschätzt worden sind Magen-Darmstörungen. Wie viele alte Aerzte meinten, die Migräne gehe vom Magen aus, weil die Kranken Uebelkeit empfinden und erbrechen, so kommen noch jetzt viele Kranke halb unwillkürlich zu dem Schlusse: Der Magen ist nicht in Ordnung, folglich muss ich mir den Magen verdorben haben. Man muss daher den Behauptungen der Kranken gegenüber recht vorsichtig sein. Immerhin gibt es intelligente Leute, die mit Zuversicht angeben, dass bestimmte Speisen den Anfall hervorrufen. Meist handelt es sich um fette Speisen, fettes Schweinefleisch u. dgl. Hie und da mag wohl das Ekelgefühl eine Rolle spielen. Einer meiner Kranken behauptete steif und fest, das schlimmste sei für ihn kaltes Bier. Wir begegnen hier wieder der Thatsache, dass Viele eine Art von Idiosynkrasie haben: bestimmte Umstände, die auf Andere gar keine Wirkung haben, rufen ihnen einen Anfall hervor. Es ist wahrscheinlich, dass oft suggestive Einflüsse ins Spiel kommen. Von Manchen wird auch Verstopfung als Anlass genannt. Soviel ist wohl sicher, dass, wenn Verstopfung besteht, leichter Anfälle eintreten als sonst, während sie bei Durchfall selten sind.

Die Bedeutung der Monatsregel ist ebenfalls übertrieben worden. Es ist ja richtig, dass bei vielen Frauen die Anfälle zur Zeit der Regel auftreten, wie überhaupt nervöse Zufälle diese Zeit bevorzugen. Aber es gibt auch viele Frauen, bei denen gar keine Beziehung zwischen der Regel und den Anfällen besteht. Uebrigens kann der Anfall vor, während oder nach der Blutung auftreten. Dass ein Zusammenhang zwischen Erkrankungen der Geschlechtstheile und den Anfällen bestände, wird durch nichts bewiesen; natürlich aber können diese wie andere Erkrankungen die Migräne-Empfänglichkeit steigern. Bemerkenswerth ist, dass zuweilen (nicht immer) die Anfälle während der Schwangerschaft fehlen, und zwar sowohl bei Frauen, die ihre Anfälle mit der Regel zusammen haben, als bei anderen. Vor einer Reihe von Jahren spielten die Erkrankungen der Nase eine grosse Rolle und als die durch Hack entfesselte Fluth am höchsten stieg, schien die Migräne ein Knecht der Nase geworden zu sein. Allmählich haben sich die Gemüther wieder beruhigt, die durch das Nasenbrennen geheilten Migränekranken haben ihre Anfälle wieder bekommen und die Aerzte haben eingesehen, dass die Schwellung der Schleimhaut der unteren Nasenmuschel und ähnliche Dinge sich doch mit der

Stellung eines Agent provocateur begnügen müssen. Wahrscheinlich sind damals auch viele Stirnkopfschmerzen, die wirklich Folgen der Nasenerkrankung sind und gewöhnlich durch Jodkalium beseitigt werden können, fälschlich Migräne genannt worden.

Neuerdings herrscht in Amerika eine Epidemie, bei der die Befallenen alle möglichen nervösen Zufälle auf Fehler der Refraction des Auges zurückführen. Besonders die Migräne gehört zu den durch diese Theorie erklärten Zufällen. Hier handelt es sich nicht einmal um eine Gelegenheitursache, sondern nur um einen Einfall.

Eine ganze Reihe von Umständen wird noch zu den Gelegenheitursachen gezählt. Die meisten kommen nur ausnahmsweise in Betracht. Relativ häufig sind die Personen, die das Fahren nicht vertragen können. Nicht immer handelt es sich dann um einen echten Migräneanfall, zuweilen tritt nur ein der Seekrankheit ähnlicher Zustand ein, der aufhört, sobald der Wagen verlassen wird. Die Einen können längeres Fahren überhaupt nicht aushalten, Andere vertragen nur das Rückwärtssitzen dabei nicht. Besonders in älteren Schriften wird auch das Fasten als Anlass genannt. Ich muss sagen, dass ich noch keinen Migränekranken gesehen habe, der gefastet hätte. Doch habe ich gehört, dass manche Juden am Versöhnungstage nicht fasten können, weil sie Kopfschmerz und Erbrechen bekommen. Ferner ist der zahlreichen Idiosynkrasien zu gedenken. Der Eine kann diesen oder jenen Geruch nicht vertragen: Labarraque erzählt von einem Arzte, der bei jeder Section einen Anfall bekam, ich habe von einem Anderen gehört, bei dem der Geruch des Tabakrauches Anlass war. Manche reagiren auf bestimmte Medicamente mit Anfällen, u. A. m.

Kranke, die eine visuelle Aura haben, sind nicht selten gegen Blendung sehr empfindlich. Manz hat neuerdings wieder darauf aufmerksam gemacht. Er berichtet z. B., dass er das Flimmerscotom durch Gehen neben einem Staketenzaune, durch den die Sonne schien, durch zufälliges Erblicken des Spiegelbildes der Sonne u. A. bekommen habe. Dabei sei gleich bemerkt, dass Manz wiederholt das Flimmern durch Druck auf das Auge aufhören machen konnte.

Endlich sind Wetter und Klima zu erwähnen. Seit Lepois spielen beide eine Rolle, es ist aber schwer, etwas Zuverlässiges darüber zu sagen. Sehr glaubhaft scheint die Aussage Lebert's zu sein, dass der Föhnwind Anfälle hervorrufen könne. Es stimmt das mit dem überein, was wir sonst über den Föhn hören. Manche Kranke beschuldigen Gewitter oder Gewitterstürme, manche windiges Wetter oder Wetterumschläge überhaupt. Dies thut z. B. Airy. Dass das Klima auf die Häufigkeit und die Schwere der Anfälle Einfluss habe, halte ich für unzweifelhaft. Nur gehört es mehr unter die prädisponirenden Umstände. Es ist schwer, zu sagen, was dabei das Wirksame sei. Z. B. scheint das

»Klima« in Leipzig für Migränekranke recht ungünstig zu sein. denn ich habe oft gehört. dass die Eingewanderten über vermehrte Anfälle klagen und dass die, die nach einer anderen grossen Stadt. etwa Dresden oder Berlin, verzogen waren, sich dort besser fühlten. Dass der Barometerstand keine Rolle spiele. scheint mir sicher zu sein. denn die Höhenlage hat gewöhnlich gar keinen Einfluss. Damit ist nicht gesagt. dass nicht beträchtliche Druckschwankungen. wie Versetzung in das Hochgebirge von Bedeutung sein sollten. Einmal habe ich es erlebt. dass ein Kranker. der einen etwa 1400 m hoch gelegenen Curort aufgesucht hatte. dort so häufige und schwere Anfälle bekam. dass er nicht bleiben konnte. Auf die günstige Wirkung des Klimawechsels ist bei der Behandlung noch zurückzukommen.

Schliesslich seien die Angaben Symond's über die Anfallsursachen (nach Liveing) wiedergegeben. Von 90 Kranken nannten 53 Gemüthsbewegungen unter den Gelegenheitursachen; nur 19 bezogen sich auf Diätfehler. während 62 die Bedeutung der Diät leugneten; 12 meinten. der Zustand des Darmes sei von Einfluss. 54 leugneten es: von 76 Weibern meinten 35. die Anfälle hingen mit der Monatsregel zusammen: Ermüdung nannten 32 als Anlass. Wetterverhältnisse 48.

In der Regel hat jeder Kranke seine bestimmte Gruppe von Gelegenheitursachen. die er mit der Zeit kennen und, soweit es möglich ist. vermeiden lernt. Aendert sich das Niveau der Gesundheit. so können neue Anstösse zu den alten hinzutreten. oder manche der letzteren unwirksam werden.

III. Der Verlauf der Krankheit.

Man muss unterscheiden zwischen dem thatsächlichen und dem idealen Verlaufe der Migräne. Unter letzterem verstehe ich den Verlauf, wie er sich darstellen würde, wenn bei einem vollständig normalen Leben nur die Wirkungen der angeborenen Anlage zu Tage kämen. Krankheiten, Anstrengungen, Entbehrungen und alle die als Gelegenheitsursachen bezeichneten Einflüsse bringen allerhand Abweichungen hervor und lassen uns den idealen Verlauf nur errathen.

Wahrscheinlich würde, wenn die Gelegenheitsursachen wegfielen, ein grosser Theil aller Migränefälle unerkannt bleiben, es würde bei geringer Stärke der Anlage die hemikranische Veränderung keine Symptome verursachen. Man könnte nun annehmen, diese Veränderung sei nur eine Schwäche des Gehirns, die ohne Anstoss von aussen gleichmässig fortbestände. Die Beobachtung der schweren Fälle aber belehrt uns eines Anderen. Ist nämlich die Anlage von vorneherein stark entwickelt, oder ist sie durch schwächende Einflüsse gesteigert worden, so erkennen wir, dass eine Neigung zur mehr oder weniger regelmässigen Wiederkehr der Anfälle vorhanden ist. Aus der periodischen Wiederholung der Anfälle ist zu schliessen, dass die hemikranische Veränderung nicht ein ruhendes Dasein hat, dass vielmehr in ihr selbst Vorgänge ablaufen, die einem Wachsen und Abnehmen entsprechen. Dies stimmt zusammen mit dem Verhältnisse zwischen Gelegenheitsursache und Anfall. Ein solcher gleicht nicht einer Bewegung, deren Ausmaass und Dauer der Grösse des Anstosses entsprächen, sondern einer von anderweitigen Kräften geregelten Bewegung, die durch den Anstoss nur ausgelöst wird und nach ihm gemäss ihrer Regel abläuft. Schon hier drängt sich der Vergleich mit einer Explosion auf: die vorhandenen Spannkräfte bedürfen nur einer auslösenden Bewegung und der Erfolg steht zu dieser nicht in geradem Verhältnisse. So treibt auch der periodische Verlauf der Migräne zu der Meinung, dass beim Migränekranken ein explosiver Stoff gebildet werde und dass dann, wenn eine gewisse Menge des Stoffes sich angesammelt hat, die Explosion durch die physiologischen Vorgänge ausgelöst werde. Damit lässt sich die Thatsache vereinigen, dass die Wirksamkeit der Gelegenheitursachen nicht gleichmässig ist, sondern davon abhängt, ob ihrer Einwirkung ein Anfall kurz vorher vorausgegangen ist oder nicht. Viele Kranke dürfen sich in der ersten Zeit nach einem Anfalle ziemlich viel zumuthen, können sich ungestraft den sonst gefährlichen Schädlichkeiten aussetzen, während nach Verlauf einer gewissen Zeit die geringste Schädlichkeit hinreicht, um den Anfall auszulösen.

Die Periodicität der Migräne ist fast nie streng durchgeführt. Immerhin gibt es viele Kranke, die wenigstens während eines Abschnittes ihres Lebens ziemlich regelmässig wiederkehrende Anfälle haben. Liveing gibt an, dass von 43 Kranken 35 dieser Art waren: bei 9 kehrten die Anfälle alle 14 Tage, bei 12 alle Monate, bei 7 alle 2 oder 3 Monate wieder. Die meisten Autoren, unter ihnen schon Tissot, sagen, vier- oder zweiwöchige Perioden seien am häufigsten. Natürlich sind viele Fälle mit vierwöchigen Perioden solche bei Frauen, in denen der Anfall mit der Regel zusammenfällt. Jedoch gibt es auch Männer mit vierwöchigen Perioden. Seltener sind sehr lange Perioden (6—4—2 Anfälle im Jahre) und sehr kurze Perioden (1—2—3 Anfälle in der Woche). Bei den sehr kurzen Perioden handelt es sich gewöhnlich um vorübergehende Zustände, die einer Senkung des Niveaus der Gesundheit entsprechen und einen Uebergang zu den gehäuften Anfällen, beziehungsweise dem Status hemicranicus bilden (vgl. p. 45). Bemerkenswerth ist, dass in periodischen Fällen der Anfall dann, wenn er länger als gewöhnlich ausgeblieben ist, besonders schwer zu sein pflegt. Eine Kranke Liveing's sagte, sie müsse ein bestimmtes Quantum von Leiden durchmachen, werde es nicht in der gewöhnlichen Weise getheilt, so bekomme sie es auf einmal zu kosten. Am häufigsten ist Periodicität bei der »vulgären Migräne«. Die seltenen vollständigen Anfälle treten meist mit langen unregelmässigen Zwischenzeiten auf, während kleine Anfälle dazwischen verstreut sind.

Fasst man das ganze Leben ins Auge, so dürfte wohl die Regel die sein, dass die Migräne in der Kindheit oder Jugend mit relativ seltenen und leichten Anfällen beginnt, dass während der Blüthezeit, als während deren das Leben am unruhigsten ist, die Anfälle häufiger und schwerer werden, beziehungsweise mit ausgesprochener Periodicität auftreten, dass endlich mit dem Sinken der Lebenskraft auch die Krankheit ihre Kraft verliert und sich nur noch wenig bemerklich macht oder ganz erlischt. Zahlreiche Schwankungen können auch bei einem solchen Verlaufe vorkommen, jahrelange Verschlimmerungen oder steile Anstiege, längere Zeiten relativen Freiseins von Anfällen.

Der Umstand verdient noch besondere Erwähnung, dass ähnlich wie die Schwangerschaft oft eine ernsthafte Krankheit die Migräne vertreibt, dass diese sich nicht bemerklich macht, solange jene herrscht. Die Sache war schon den alten Aerzten bekannt und so erklärt sich wohl die von

Tissot u. A. ausgesprochene Meinung, es sei gefährlich. die Migräne zu vertreiben. Besonders werden Beispiele angeführt von Ersetzung der Migräne durch die Gicht und durch die Epilepsie. In letzterem Falle soll es sich bei Kranken, die sowohl an Migräne als an Epilepsie litten, so verhalten haben, dass zeitweise nur epileptische, zeitweise nur migränöse Anfälle vorkamen. Ich habe zweimal bei seit der Kindheit bestehender Migräne beobachtet. dass die Anfälle ausblieben, als eine Tabes sich entwickelte. Aehnliches mag wohl öfter sich ereignen.

Es ist natürlich schwer. etwas Zuverlässiges über den Verlauf einer Krankheit zu sagen. die sich über den grösseren Theil des Lebens erstreckt, denn die Beobachtung des Arztes ist ungenügend und den Angaben der Kranken muss man mit Vorsicht begegnen. Daher gehen die meisten Autoren über die Frage des Gesammtverlaufes ziemlich rasch weg. Aber fast Alle stimmen darin überein. dass die Menopause Ruhe zu bringen pflege, eine trostreiche Meinung. die die Leidenden oft selbst hegen. Nun ist es gewiss richtig. dass es sich zuweilen so verhält und ich habe selbst Frauen gekannt. die seit der Menopause ganz frei von Anfällen waren. Aber es scheint mir, dass die wohlthätige Bedeutung der Menopause doch oft überschätzt werde. Erstens ist wohl weniger das Aufhören der Monatsregel von Wichtigkeit als der Beginn des Seniums. denn auch bei Männern lassen die Anfälle oft nach. wenn etwa 50 Jahre zurückgelegt sind. Sodann ist die Zeit des Klimakterium nicht selten geradezu mit einer Verschlimmerung der Migräne verbunden. derart. dass die Anfälle häufiger werden. oder dass sie ihre Art zum Schlimmeren verändern.

Die interessanteste und wichtigste Frage ist die, ob die Migräne sich zu anderen schwereren Krankheiten umwandeln könne. beziehungsweise ob durch die Wiederholung der Anfälle es zu groben Veränderungen des Gehirns kommen könne. Hier stehen sich die Ansichten ziemlich schroff gegenüber. Die gewöhnliche Meinung ist die, dass die Migräne zwar ein peinliches. aber ein unbedenkliches Leiden sei, dass sie das Leben verbittern. aber nicht abkürzen könne. Dagegen hat neuerdings besonders Charcot's Schule die Gefährlichkeit der Augenmigräne, hauptsächlich der Migraine ophthalmique associée, betont; dauernde Hemiplegie. dauernde Aphasie, dauernde Amaurose sollen den Anfällen folgen können. Noch grössere Bedeutung hat der Uebergang der Migräne in Epilepsie. Schon Parry hat gesagt. die Migräne sei zuweilen nur der Vorläufer der Epilepsie. Auch Liveing, Gowers u. A. halten nicht nur Migräne und Epilepsie für nahe verwandt. sondern glauben auch, dass die eine in die andere übergehen könne. Liveing zählt noch eine Reihe anderer Transformationen auf.

Bei der Wichtigkeit und Schwierigkeit des Gegenstandes muss ich etwas näher darauf eingehen.

Zunächst ist zu fragen, ob wirklich durch die Migräne Blutungen oder Erweichungen im Gehirn verursacht werden können, deren Ausdruck Monoplegie, Hemiplegie, Hemianopsie wäre. Man muss da Zweierlei unterscheiden. Einmal nämlich könnten durch die Anfälle mit der Zeit die Gehirngefässe oder einige Gehirngefässe entarten, so dass dann irgend ein Anstoss eine Zerreissung oder Verschliessung des kranken Gefässes bewirkt. Oder aber der Anfall selbst könnte, ohne dass vorher schon Gefässentartung bestünde, zu zerstörenden Vorgängen führen.

Wenn wir die erstgenannte Möglichkeit ins Auge fassen, so ergibt sich sofort, dass grosse diagnostische Schwierigkeiten vorliegen. Erstens kann es sich überhaupt um nur symptomatische Migräne handeln, d. h. um eine grobe Gehirnerkrankung, zu deren ersten Zeichen Migräneanfälle gehören. Solche Fälle sind erst bei der Diagnose der Migräne genauer zu besprechen. Man wird fordern müssen, dass zur Entscheidung der hier erörterten Frage nur zweifellose Fälle herangezogen werden, in denen die Migräne seit der Kindheit oder Jugend besteht und womöglich auch die Vererbung nachgewiesen ist. Bei den älteren Beobachtungen fehlen aber oft genauere Angaben und es ist dann zweifelhaft, ob die Krankheit Migräne oder nur symptomatische Migräneanfälle bestanden haben. Ferner gehört sowohl die Migräne als die Entartung der Gehirngefässe zu den sehr häufigen Krankheiten, und man darf sich nicht wundern, wenn beide bei demselben Kranken vorkommen. Besonders dann, wenn es sich um ältere Leute oder um solche, die Syphilis gehabt haben, handelt, wird der Einwurf, beide Krankheiten seien von einander unabhängig, nicht leicht zurückgewiesen werden können. Auch dann, wenn der Insult während eines Migräneanfalles oder bald nach einem solchen eintritt, verliert der Einwurf seine Kraft nicht, denn ein Migräneanfall gehört sicher zu den Anstössen, die bei kranken Gehirngefässen zum Insulte führen können. Dann etwa, wenn die Migränesymptome, besonders die Aura, immer einseitig gewesen wären und die Lähmung dieselbe Seite befiele, würde die Wahrscheinlichkeit eines ursächlichen Zusammenhanges wachsen.

Von vorneherein hat die Meinung, häufige Migräneanfälle könnten zur Entartung der Gehirngefässe führen, manches für sich, wenigstens dann, wenn man mehr an eine Beförderung jener Entartung als an die Rolle einer Causa sufficiens denkt. Zweifellos gibt es viele Migränekranke, auch solche mit starken Gefässveränderungen im Anfalle, die bei im übrigen guter Gesundheit ein hohes Alter erreichen. Ich brauche nur an Dubois-Reymond zu erinnern. Aber es spricht doch manches dafür, dass die Migräneanfälle sichtbare Veränderungen hinterlassen können. Ich habe nur zweimal bei Kranken, die ich ihrer Migräne wegen behandelt hatte, einen Sectionsbericht erlangen können. Die eine Kranke hatte seit der Jugend an gewöhnlicher, aber heftiger Migräne gelitten, bis mit 50 Jahren,

bei dem Eintritte der Menopause, die Anfälle aufhörten: sie starb mit
67 Jahren nach vierwöchiger Krankheit, unter Erscheinungen, die auf eine
meningeale Blutung deuteten: bei der Section wurde eine Pachymeningitis
haemorrhagica gefunden: von Alkoholismus war in diesem Falle gar keine
Rede. Die andere Kranke hatte ebenfalls eine gewöhnliche Migräne gehabt,
war in geistiger Hinsicht eine Dégénérée gewesen und starb mit 70 Jahren
an Herzlähmung: im Sectionsberichte heisst es: »Der knöcherne Schädel
zeigt auf der Aussenfläche des rechten Stirnbeines einen flach vorragenden,
glatten, runden, pfenniggrossen Knochenauswuchs; die Stelle der ver-
knöcherten Nähte ist durch Verdickung des Knochens in Gestalt flacher
Wülste angedeutet; im Uebrigen sind die Knochen des Schädeldaches
dünn und blutreich; die harte Hirnhaut haftet der Schädelinnenfläche fest
an, diese ist, namentlich an beiden Stirnbeinen, durch zahlreiche kleine
Knochenauswüchse von der Form scharfer zackiger Leisten oder einzelner,
bis 0·5 cm hoher Spitzen rauh, die Gefässfurchen sind tief eingeschnitten«:
im Uebrigen wurden Schwund der Hirnwindungen, starke Atheromatose
aller Gehirnarterien, eine kleine Cyste an der Grenze des linken Sehhügels
und Atheromatose der Coronararterien gefunden. Auch in einem weiteren
Falle von Migräne, den ich nicht selbst beobachtet habe, hat man laut
mündlicher Mittheilung spitze Exostosen an der Innenfläche des Schädeldaches gefunden. Ferner sagt Lallemand, bei mehreren Kranken, die an
hartnäckigen Kopfschmerzen gelitten hätten und stets für Migränepatienten
gehalten worden wären, habe man nach dem Tode saillies épineuses à
l'intérieur du crâne gefunden. Es hätte natürlich keinen Sinn, in den
Exostosen die Ursache der Migräne zu sehen, wohl aber kann man sich
denken, dass durch die Anfälle sowohl die Exostosen, als andere degenerative
Veränderungen in der Schädelhöhle bewirkt werden können.

Die von den Autoren mitgetheilten Einzelbeobachtungen sind meist
nicht recht überzeugend. Andral erzählt von einem 29jährigen Manne,
der seit dem 18. Jahre an Anfällen von heftigem Kopfschmerze mit
Erbrechen litt, in den Zwischenzeiten ganz gesund war; ein Jahr vor dem
Tode wurde der Kopfschmerz beständig, es traten Krämpfe auf, die in
den Armen begannen und nach dem Tode wurden Hypertrophie und
Verhärtung der Gehirnhemisphären gefunden. Parry starb an einer Gehirnkrankheit, nachdem er jahrelang an Aplasie und Agraphie gelitten
hatte. Auch Wollaston starb an einer Gehirnkrankheit. Trousseau
berichtet über einen Herrn, der bis zum 46. Jahre an sehr heftiger
Migräne gelitten hatte; dann hatte diese aufgehört und waren Gichtanfälle
eingetreten; bald aber begannen Anfälle, in denen dem Kranken die Sinne
schwanden, Schwere der rechten Hand und aphatische Erscheinungen
sich zeigten; später kam ein schwerer Insult, der rechtseitige Hemiplegie
mit Aphasie hinterliess. Der von Liveing erwähnte Arzt, der gar keinen

Wein vertragen konnte, verlor seine Migräne mit 50 Jahren, aber an ihre Stelle trat Tic douloureux und ihm folgten apoplektische Insulte, deren einer den Kranken tödtete.

Eine Beobachtung, die grösseres Gewicht hat, rührt von H. Oppenheim (1890) her. Eine Frau, die seit der Kindheit an Migräne litt, bekam 1874, bald nach ihrer Verheiratung, zum ersten Male nach einem Anfalle eine aphatische Sprachstörung, die 24 Stunden anhielt. Aehnliche Zufälle traten später noch viermal ein. Der Kopfschmerz war meist links. Am 27. November 1889 wurde die Kranke rechtseitig gelähmt und aphatisch. Im December fand Oppenheim Paraphasie, Worttaubheit, rechtseitige Parese, grosse harte Struma, vermehrte Pulsfrequenz (129). Im Januar starb die Kranke. In der Carotis int. sin. fand sich ein ziemlich fester Thrombus von blassem Aussehen. Die Gehirnwindungen in der Umgebung der Fossa Sylvii waren eingesunken und erweicht, die Insel, die innere Kapsel, Linsen- und Streifenkern fast ganz zerstört. In der verstopften Carotis und in der Aorta war nur geringe Endarteriitis vorhanden.[1)

Vielleicht könnte man der Sache, ausser durch Einzelbeobachtungen, dadurch näher treten, dass man das Schicksal einer grösseren Zahl von Migränekranken verfolgte. Der Einzelne kann dies kaum ausführen, aber man könnte in grossen Krankenhäusern leicht zu einer Statistik kommen, wenn man bei der Anamnese auf das Vorkommen der Migräne achtete und dann die Todesart, beziehungsweise den Sectionsbefund notirte.

So wahrscheinlich mir es erscheint, dass häufige und schwere Migräneanfälle sichtbare Veränderungen in der Schädelhöhle hinterlassen, dass sie die Entwicklung der Gefässentartung befördern und dadurch das Leben abkürzen können, so wenig will es mir einleuchten, dass der einzelne Anfall grobe Veränderungen bewirken könnte. Charcot meinte, es bestehe im Anfalle Krampf der Arterien und es könne, wenn dieser lange anhalte, eine Nekrose der der Blutzufuhr beraubten Hirntheile eintreten. Erstens ist es gänzlich unbewiesen, ja unwahrscheinlich, dass im Anfalle und besonders bei der sensorischen Aura, an die Charcot zunächst dachte, ein Arterienkrampf bestehe. Sodann ist überhaupt noch in keinem Falle irgend einer Art dargethan worden, dass Gehirnerweichung durch Arterien-

---

[1)] Hilbert erwähnt eine Beobachtung Haab's, der in einem Falle von Flimmerscotom eine Cyste im Occipitallappen gefunden habe. Die Arbeit Haab's ist mir nicht zugänglich; es wird sich wohl um symptomatische Migräne gehandelt haben. Gelegentlich findet man Krankengeschichten, in denen erwähnt wird, dass der Kranke auch an Migräne litt, und denen ein Sectionsbericht folgt. Freilich bleibt oft unklar, wie die etwa vorhandenen Veränderungen im Schädel zu deuten sind. Z. B. theilt Gilles de la Tourette (Nouv. Iconogr. de la Salpêtrière, VII, 1, 1894) einen Fall von Paget's Krankheit mit. Der Patient hatte Zeit seines Lebens an schwerer Migräne gelitten. Man fand die Dura stark verdickt und an verschiedenen Stellen mit dem Schädel verwachsen. Im Uebrigen bestanden in der Schädelhöhle keine makroskopischen Veränderungen.

krampf entstehe, so beliebt auch derartige Hypothesen früher in medicinischen Schulen waren. Endlich finde ich nirgends eine Beobachtung, aus der sich ergäbe, dass bei vorher gesundem Gehirne und gesunden Blutgefässen der Migräneanfall die in Rede stehende schreckliche Wirkung gehabt hätte.[1])

Von grossen Schwierigkeiten ist die Frage nach dem Verhältnisse zwischen Migräne und Epilepsie umgeben. Beide Krankheiten haben grosse Aehnlichkeit miteinander. Die Migräne ist nahezu immer ererbt, bei Epilepsie leiden wenigstens oft Angehörige an der gleichen Krankheit. Beide beginnen gewöhnlich in der Kindheit. Beide geben sich durch Anfälle mit Tendenz zur Periodicität kund. Beider Anfälle werden durch ungefähr dieselben Gelegenheitursachen hervorgerufen. Hier wie dort gehen Vorläufer und Aura voraus, wechseln vollständige mit unvollständigen Anfällen, kommen gehäufte Anfälle vor u. s. w. In beiden Fällen muss das Wesentliche der Krankheit eine dauernde Veränderung im Gehirn sein und in beiden wissen wir über diese gleich wenig. Man kann sich vorstellen, die Qualität der migränösen Veränderung sei von der der epileptischen nicht verschieden, der Unterschied liege nur in Ort und Ausdehnung. Wäre es so, so würde weder das Zusammenbestehen beider Formen, noch das Uebergehen der einen in die andere überraschen. Es kann aber auch anders sein, bei unserer Unwissenheit haben die Hypothesen freies Spiel. Wir müssen uns daher mit dem begnügen, was die klinische Erfahrung lehrt. Zunächst deutet das Vorkommen von Migräne bei den Verwandten der Epileptischen, das Féré's Statistik (p. 16) darzuthun scheint, auf einen inneren Zusammenhang. Sodann mangelt es nicht an Fällen, in denen beide Krankheiten bei demselben Menschen bestanden und die bewährtesten Autoren zweifeln nicht daran, dass aus der Migräne Epilepsie werden könne. Liveing führt einige solche Fälle an. Eine 37jährige Frau, deren Bruder und Schwester epileptisch sein sollten, litt seit dem 12. Jahre an gewöhnlicher Migräne (sick-headache). Nur zuweilen war eine visuelle oder eine sensorische Aura vorausgegangen. Seit zwei Jahren hatten die Migräneanfälle aufgehört und waren epileptische Anfälle aufgetreten, die, wie früher jene, meist die Monatsregel begleiteten. Eine andere Kranke, die seit dem 15. Jahre an Migräne litt, hatte mit 29 Jahren zwei epileptische

---

[1]) Französische Autoren legen viel Gewicht auf eine Beobachtung Galezowki's. Ein Kranker, der an heftiger Augenmigräne litt und bei dem Galezowski während des Anfalles zuerst nur Anämie der Papille gefunden hatte, blieb nach einem Anfalle auf dem Auge der befallenen Seite blind. Galezowski entdeckte nun eine Thrombose der Arteria centralis retinae. Es ist offenbar ganz unzulässig, aus einer so seltenen und wunderbaren Beobachtung weitgehende Schlüsse zu ziehen. Leider ist mir die Originalarbeit nicht zur Hand. Aus den Referaten geht nicht hervor, ob es sich nicht etwa um symptomatische Migräne gehandelt hat, ob nicht etwa andere Ursachen der Thrombose vorhanden gewesen sind.

Anfälle gehabt. Liveing citirt ferner eine Beobachtung von Marshall Hall. Eine Kranke, die seit vielen Jahren an schwerer Migräne litt (bilious sick-headache of an agonizing character), bekam während eines Migräneanfalles »apoplectic epilepsy«, mit besonderer Betheiligung der linken Körperhälfte und Beschädigung der Zunge. Nach dem Anfalle waren die linken Glieder paretisch und es folgte ein tiefer Schlaf. Viele ähnliche Anfälle folgten. Auch Tissot hat eine Beobachtung ähnlicher Art mitgetheilt. Häufiger als bei der vulgären Migräne soll bei den schweren Formen mit Aura der Uebergang in Epilepsie sein. Sieveking erzählt von einer Frau, die zwei epileptische Schwestern hatte und mit 30 Jahren Anfälle schwerer Migräne bekam: erst trat ein Scotom auf, dann folgten Taubheitsgefühl und Kraftlosigkeit der Hände, sowie Verlust der Sprache und nach 15 Minuten begann heftiger Kopfschmerz, der 2—3 Tage dauerte; diese Frau bekam später vollständige epileptische Anfälle. Gowers sagt Folgendes: »Die wichtigste und häufigste Umwandlung ist aber die der Migräne in Epilepsie; auch hat der Zusammenhang der beiden deshalb ein specielles Interesse, weil die sensorische Störung bei beiden viele gleiche Züge hat. Ich habe nicht weniger als zwölf Fälle beobachtet, in denen diese beiden Krankheiten auf einander folgten. Bei sieben Kranken hatte viele Jahre lang Migräne bestanden, dann wurden die Kranken epileptisch und bei fünf hörte die Migräne entweder ganz auf, oder nahm doch sehr an Stärke ab. Ein Kranker litt während der Zeit der epileptischen Anfälle fast gar nicht mehr an Kopfschmerzen, als aber die Epilepsie aufhörte, wurde die Migräne von Neuem stärker. . . . Fast bei allen diesen Kranken war die Migräne mit sensorischer Aura verbunden. . . . In mehreren Fällen begannen auch die epileptischen Anfälle mit Parästhesien in den Gliedern einer Seite. . . . In manchen Fällen von Epilepsie mit vorhergehender Migräne schienen die epileptischen Anfälle aus der Migräne hervorzugehen, da ihnen solche Erscheinungen vorausgingen wie früher dem Kopfschmerze.« Von Féré's Beobachtungen gehören vielleicht folgende hierher. Ein 50jähriger Steinschneider litt seit seiner Jugend an Anfällen von Augenmigräne, die alle Monate wiederkehrten und an deren Schlusse Parästhesien in der rechten Körperhälfte auftraten. Erst 1871 traten epileptische Anfälle auf. Sie begannen mit Parästhesien in der rechten Körperhälfte, die zuerst in der Hand, nicht, wie es bei der Migräne gewesen war, zuerst im Gesichte, sich zeigten, dann folgte Krampf der Hand, des Armes, zuweilen der ganzen Seite oder des ganzen Körpers mit Bewusstlosigkeit und Zungenbiss. Manchmal ging den epileptischen Anfällen, die einmal wöchentlich kamen, ein Flimmerscotom voraus. Ein 33jähriger Handlungsgehilfe, dessen Mutter an Migräne, dessen Tante an Geisteskrankheit gelitten hatte, war bei der Zahnung von Krämpfen befallen worden und litt seit dem achten Jahre an gewöhnlichen rechtseitigen Migräneanfällen, die alle 15—17 Tage wiederkehrten. War der Kopfschmerz heftig, so verband er sich mit Zuckungen im rechten Orbicularis oculi. Dieser Tic wurde seit dem 25. Jahre dauernd. Im 29. Jahre trat der erste epileptische Anfall ein. Es begann eben ein Migräneanfall, als der Kranke eine heftige Gemüthsbewegung hatte und dieser folgte ein grosser epileptischer Anfall mit Schrei, Niederstürzen, tonischen und klonischen Krämpfen, Zungenbiss, Harnabgang. Seitdem war die Migräne weggeblieben, die epileptischen Anfälle kehrten mit der gleichen Regelmässigkeit wieder. Sie wurden gewöhnlich durch stärkeres Zucken des Orbicularis angekündigt. Ich selbst habe nur einmal einen Fall gesehen, in dem man das Uebergehen der Migräne in Epilepsie wenigstens hätte annehmen können. Eine 53jährige Frau, Tochter eines migränekranken Mannes, hatte seit ihrem 19. Jahre an Anfällen gewöhnlicher Migräne gelitten, die um die Zeit der Periode auftraten. Früher wollte sie nur vereinzelte Ohnmachten gehabt haben, seit 3 Jahren aber kehrten diese ein- bis zweimal im Monate wieder. Sie sagte plötzlich: »Da, da, da«, fiel bewusstlos um und erbrach, wenn sie wieder zu sich gekommen war. Zweimal hatte sie sich die Zunge zerbissen, oft war ihr der Harn im Anfalle abgegangen.

Wenn nun auch manche Beobachtungen überzeugend zu sein scheinen, so gilt dies doch nicht für die Mehrzahl. Erstens ist es für Fälle wie den von mir beobachteten schwer, ein Zusammentreffen beider Krankheiten auszuschliessen. Auch dann, wenn nach dem Auftreten der Epilepsie die Migräne abnimmt oder aufhört, kann man nicht sagen, diese sei durch jene ersetzt, denn, wie früher bemerkt wurde, können auch Krankheiten, die wie die Tabes sicher exogen sind, die Migräneanfälle aufhören lassen. Ebenso kann der Umstand, dass einzelne Züge der früheren Migräne bei der späteren Epilepsie wiederkehren, nicht viel beweisen, denn man muss doch annehmen, dass die Hirntheile, die bei der Migräne betroffen sind, auch später ein Locus minoris resistentiae sein werden. Weiter kommt in Betracht (was hier nur vorläufig erwähnt werden kann), dass es eine Migräne als Symptom der Epilepsie gibt, die der Krankheit Migräne ebenso gegenüber steht, wie die symptomatische Migräne bei progressiver Paralyse. Diese Unterscheidung machen manche Autoren gar nicht und deshalb ist es begreiflich, dass bei ihnen die Beziehungen der Migräne zur Epilepsie viel näher zu sein scheinen, als sie wohl in Wirklichkeit sind.

Nach alledem halte ich dafür, dass bei der Frage, ob die Krankheit Migräne zu groben Gehirnläsionen führen, oder sich in Epilepsie umwandeln könne, vorläufig Zweifel noch gestattet seien. Es scheint mir wahrscheinlich, dass der üble Ausgang hie und da vorkomme, aber weitere genaue Beobachtungen sind sehr erwünscht. Das ist wohl sicher, dass in der übergrossen Mehrzahl der Fälle von Migräne weder apoplektische noch epileptische Zufälle zu fürchten sind.

Noch zweifelhafter. sind die anderen »Transformationen«. Liveing nennt unter diesen die Umwandlung der Migräne- in Asthmaanfälle und führt als Gewährsmänner Willis. Tissot und Heberden an. ohne eigene Beobachtungen beizubringen. Unter meinen Kranken war eine mit Migräneanfällen. denen Flimmerscotom und Aphasie vorausgingen. und Asthmaanfällen. Doch war kein Zusammenhang zwischen beiden Krankheiten zu entdecken. Liveing spricht ferner von Umwandlung in Gastralgie und andere Eingeweideschmerzen. aber in seinem Hauptbeispiele handelt es sich um Anfälle von Magenkrampf, die den Migräneanfällen vorausgingen und wahrscheinlich deren Acquivalent waren (vgl. p. 51). Auch dass derselbe Kranke später an nächtlichen Anfällen von Glottiskrampf litt. kann kaum beweisen. dass die Migräne deren Ursache war. Wenn bei einem Migränekranken später Anfälle von Angina pectoris auftreten. so wird man nur dann, wenn eine Erkrankung des Herzens sich mit aller Bestimmtheit ausschliessen lässt. an eine Transformation der Migräne denken dürfen. In den Fällen von Umwandlung in Irrsinn endlich ist von einigen Migränekranken die Rede. die später plötzlich beginnende Anfälle von geistigen Störungen verschiedener Art bekamen. Diese Psychosen dauerten nicht Tage, sondern Wochen oder Monate. Es liegt wohl am nächsten. anzunehmen, dass die erblich belasteten Kranken auch ohne Migräne irre geworden sein könnten. Ich will nicht sagen. dass ein Zusammenhang zwischen der Migräne und den von Liveing genannten Zufällen unmöglich sei. aber das Material ist zu mangelhaft. als dass man seiner Meinung sich ohne Weiteres anschliessen könnte. Auch den Angaben gegenüber, die Gowers über den Zusammenhang zwischen Migräne und Schwindelanfällen macht. muss man wohl zurückhaltend sein. Gowers sagt zwar nicht, dass er eine Transformation annehme, aber er sagt, dass die im Centrum vorhandene Tendenz zu functionellen Störungen die Kranken gegen Veränderungen im Labyrinthe sehr empfindlich mache. Zuweilen bilde der Schwindel einen Theil des Anfalles und kehre noch zurück, wenn die Migräne erloschen sei. Eine Kranke habe zwischen ihren Migräneanfällen plötzlich Neigung nach rückwärts zu fallen bekommen und zugleich habe Uebelkeit bestanden. während sie bei den Kopfschmerzen keine Uebelkeit hatte.

Endlich möchte ich noch auf die Möglichkeit hinweisen. dass Migräneanfälle zu Glaukom führen. Ich spreche hier nicht von den Fällen, in denen Glaukomanfälle den Migräneanfällen ähnlich sind und mit diesen verwechselt werden können. sondern von solchen. in denen nach vielen Anfällen echter Migräne sich Glaukom entwickelt. Es handelt sich dabei natürlich besonders um Kranke mit visueller Aura. es kann aber wahrscheinlich auch, ohne dass ein Scotom vorhanden wäre, der Augenschmerz mit der Zeit Veränderungen im Auge hervorrufen. Man kann ja Bedenken tragen, wenn ein Migränekranker Glaukom bekommt, einen ursächlichen Zusammenhang anzunehmen. Wenn aber (besonders bei nicht allzustarker Myopie) nach gehäuften oder allmählich schwerer werdenden Migräneanfällen die Spannung des Augapfels zunimmt u. s. w., so ist der Zusammenhang doch recht wahrscheinlich. Vielleicht deutet das Auftreten von Regenbogenfarben bei der visuellen Aura, wenn früher solche fehlten, auf Veränderungen im Auge hin. Sieht der Kranke aber die Gegenstände von einem irisirenden Rande umgeben (Gowers erzählt von einer derartigen Migränekranken), so ist die Untersuchung auf Glaukom sehr zu empfehlen.

IV. Ueber die symptomatischen Migräneanfälle und die Diagnose der Migräne.

Die erste Aufgabe der Diagnose ist, festzustellen, ob Migräneanfälle vorliegen, die zweite, ob es sich um die Krankheit Migräne, oder um Migräneanfälle, die Zeichen einer anderen Erkrankung sind, handelt.

In ersterer Hinsicht wird zwischen dem Migränekopfschmerze und anderen Kopfschmerzen, zwischen der visuellen Aura der Migräne und anderen Gesichtstäuschungen, zwischen den Parästhesien der Glieder und der Aphasie bei Migräne und anderen corticalen Reizerscheinungen, zwischen dem Migräneerbrechen und anderem Erbrechen, kurz zwischen den Bestandtheilen des Migräneanfalles und denselben Symptomen auf anderer Grundlage zu unterscheiden sein. Der vollständige Migräneanfall kann natürlich keine Schwierigkeiten machen, wer ihn kennt, wird ihn nicht verkennen. Auch die Anfälle der »vulgären« Migräne, d. h. annähernd periodisch wiederkehrender halbseitiger Kopfschmerz mit Erbrechen, sind eindeutig. Je unvollständiger aber die Anfälle werden, um so leichter können sie verkannt werden.

Viele Migränekranke haben zwischendurch verwischte Anfälle, ja diese können die Regel sein und die ausgeprägten Anfälle die Ausnahme. Es kann aber auch ausser der Migräne irgend ein anderes Leiden vorhanden sein, von dem die zweifelhaften Erscheinungen abhängen.

Es ist daher zu beachten, dass die Frage nicht nur heisst: Migräne oder nicht?, sondern auch: allein Migräne oder noch etwas anderes?

Zunächst muss man festhalten, die Migräne ist ein ererbtes Leiden und beginnt in früher Jugend. Ueberall da, wo mit Bestimmtheit erklärt wird, niemand in der Familie habe ähnliche Anfälle gehabt, bin ich mit der Diagnose Migräne vorsichtig und oft hat der weitere Verlauf meinem Zweifel recht gegeben, sei es, dass es sich um symptomatische Migräneanfälle, oder um Zustände handelte, die den Migräneanfällen nur ähnlich waren. Kommt noch dazu, dass der Beginn ins Alter der Reife oder gar in die zweite Hälfte des Lebens fällt, so wird die Sache noch bedenklicher. Freilich gibt es viele Menschen, die von der Gesundheit ihrer Angehörigen so viel wie nichts wissen, und solche, die über ihr früheres Leben ganz mangelhafte Angaben machen, ihre früheren Zufälle einfach vergessen haben. Verneinende Aussagen eines gebildeten Menschen haben natürlich mehr Bedeutung als die eines ungebildeten oder »spät gebildeten«.

Der dritte wichtige Umstand ist die Intermittenz. Sind Erblichkeit und Beginn in der Jugend ziemlich beweisend für die Krankheit Migräne, so lassen die freien Zwischenzeiten zwar nicht zwischen dieser und symptomatischen Migräneanfällen unterscheiden, aber doch zwischen Migräneanfällen überhaupt und ähnlichen Zuständen. Freilich kommt es vorübergehend auch bei Migräne vor, dass kaum ein Tag ganz frei ist, jedoch ist dies nicht häufig und umgekehrt ist bei anderen Zuständen wirkliche Intermittenz sehr selten.

Fassen wir jetzt den Kopfschmerz ins Auge, so ist vorauszuschicken, dass weitaus die meisten Kopfschmerzen Migräneschmerzen sind, dass im Vergleiche mit diesen alle anderen selten sind. Der Kopfschmerz bei Neurasthenie macht fast nie Schwierigkeiten. Meist besteht dauernder Kopfdruck, der nur bei gewissen Anlässen sich zu eigentlichem Schmerze steigert. Es kann so scheinbar zu Anfällen kommen, aber der Kopfschmerz ist nach Stärke und Dauer von den Anlässen abhängig und es fehlt jede Spur von Uebelkeit. Natürlich fehlen auch alle anderen Migränesymptome. Eher kann eine Verwechselung mit dem Nasenkopfschmerze vorkommen. Besteht eine chronische Erkrankung der Nasenschleimhaut, die Kopfschmerzen machen kann, so kommt es manchmal, wahrscheinlich in Folge von zeitweise eintretenden Schwellungen, zu Anfällen von Kopfschmerz. Immerhin ist auch hier von freien Intervallen nicht wohl zu reden, fehlt die Uebelkeit ganz. In zweifelhaften Fällen dieser Art haben mir die Medicamente gute Dienste gethan. Nasenkopfschmerz pflegt bei Anwendung von Jodkalium aufzuhören oder nachzulassen, hie und da einmal zu wachsen, während Jodkalium auf Migräne fast nie einen Einfluss hat. Umgekehrt lassen die später zu besprechenden Migränemittel den Nasenkopfschmerz unverändert. Die gewöhnlich von Erkrankungen der Stirnhöhle abhängige Supraorbitalisneuralgie kann nur bei oberflächlicher Untersuchung mit Migräne verwechselt werden. Der syphilitische Kopfschmerz tritt nicht in getrennten Anfällen auf, steigert sich während der Nacht, reagirt sofort auf Jodkalium, macht daher keine diagnostischen Schwierigkeiten. Manche Autoren sprechen auch von Anfällen von Malariakopfschmerzen. Meist macht wohl die Malaria Neuralgien. Doch bin ich nicht im Stande, etwas weiteres beizubringen, da Malaria bei uns fast nie beobachtet wird. Ein bedenklicher Irrthum ist es, wenn Glaukomanfälle für Migräneanfälle gehalten werden. Ich habe dies einmal beobachtet. Eine Dame, die seit der Kindheit an rechtseitiger Migräne litt, gab an, dass seit einiger Zeit ihre Anfälle viel schlimmer geworden seien, dass sie deshalb Verschiedenes ohne Erfolg gebraucht habe. Erst die Untersuchung ergab, dass Glaukom des rechten Auges bestand. Die Operation war erfolgreich, die Migräneanfälle aber kehrten später in ihrer alten Form zurück. Weiter können urämische Kopfschmerzen an Migräne erinnern, besonders deshalb, weil sie mit Erbrechen verbunden sein können. Umgekehrt kann bei Nephritis durch Migräneanfälle der Verdacht auf Urämie erweckt werden. Gowers erzählt von einem Migränekranken mit Morbus Brightii. Es bestand Retinitis albuminurica und es wurde wegen der heftigen Anfälle von Kopfschmerz ein Hirntumor diagnosticirt, bei der Section aber wurde das Gehirn gesund gefunden. An grobe Gehirnerkrankungen kann man denken, wenn die Migräneanfälle gehäuft auftreten, wie in einigen früher mitgetheilten Beobachtungen. Man wird sich dann auf die objective Untersuchung, in erster Linie auf die Augenspiegeluntersuchung verlassen müssen, immerhin kann man eine Zeit lang zweifelhaft sein.

Die Auraerscheinungen erschrecken bei ihrem ersten Auftreten oft nicht nur den Kranken, sondern auch den Arzt. Natürlich bringt in der Regel der weitere Verlauf Aufklärung. Eher können Schwierigkeiten entstehen, wenn die visuelle oder die sensorische Aura allein vorkommt. Zuweilen erklären Patienten, sie litten von Zeit zu Zeit an rasch vorübergehendem »Flimmern«. Es kann Migräne sein, manchmal aber ergibt genauere Prüfung, dass es sich nur um Mouches volantes handelt. Häufiger lässt die visuelle Aura an eine Augenkrankheit denken. Galezowski z. B. berichtet von einem 40jährigen Herrn, dessen rechtes Auge seit zehn Jahren durch Glaukom zerstört war und der seit Kurzem zu seinem Erschrecken auch links Sehstörungen bekommen hatte; im Anfange waren diese einmal im Monate, zuletzt aber zweimal wöchentlich aufgetreten, hatten dreissig Minuten gedauert und Mattigkeit des Auges hinterlassen; sie bestanden darin, dass der Kranke die Dinge nur halb sah und zackige Blitze erblickte. Bei einem anderen Patienten Galezowski's bestand rechts ein dauerndes centrales Scotom durch Atrophie der Chorioidea, der Augenspiegel zeigte beiderseits Chorioiditis disseminata und als nun auch links zeitweise ein Scotom auftrat, gerieth der Kranke in grosse Angst; es handelte sich aber um ein typisches Flimmerscotom und der Kranke hatte seit der Jugend an heftigen Anfällen gewöhnlicher Migräne gelitten, die aufgehört hatten, seitdem das Flimmerscotom sich zeigte.

Tritt die sensorische Aura allein auf, sei es, dass nur Parästhesien vorkommen, sei es, dass auch Aphasie besteht, so wird man sich schwer der Vermuthung enthalten können, dass eine Herderkrankung, unter Umständen eine progressive Paralyse sich entwickele. Hat der Kranke früher vollständige Anfälle gehabt, so wird die Diagnose weniger schwer sein, es kann aber auch bei solchen, die früher nur an vulgärer Migräne gelitten haben, später eine sensorische Aura mit oder ohne Kopfschmerz sich zeigen und dann ist man vorläufig auf die weitere Beobachtung angewiesen, da nor-

males Verhalten der Reflexe u. s. w. zwar gegen eine grobe Gehirnerkrankung spricht, sie aber doch nicht von vorneherein ausschliessen lässt.

Auch mit Magenkrisen kann die Migräne verwechselt werden. Ueber
Rossbach's Gastroxynsis habe ich schon früher (vgl. p. 43) gesprochen.
Bei tabischen Magenkrisen wird man nicht lange in Zweifel sein. Hier
aber meine ich die seltenen Fälle, in denen Magenkrisen als alleiniges
Symptom bestehen. Jahrelang habe ich z. B. einen Mann beobachtet, der
angeblich aus einer migränefreien Familie stammte und seit seinem achten
Jahre an dem »Wasserkolk«, wie er sagte, litt. Er musste von Zeit zu
Zeit ohne sonderliche Anstrengung grosse Mengen stark saurer wässeriger
Flüssigkeit erbrechen. Das Erbrechen kehrte mehrmals in der Woche
wieder, war unabhängig von der Diät und kümmerte sich um keine Behandlung. Zwischendurch war auch Blut erbrochen worden. Vom sechs-
zehnten Jahre an waren die Anfälle seltener geworden, so dass nur einige
im Jahre auftraten, aber der einzelne Anfall dauerte einige Tage und
war mit heftigen Magenschmerzen und ausserordentlich peinlichem Kratzen
und Brennen im Schlunde verbunden. Die von mir beobachteten Anfälle
glichen vollständig schweren tabischen Magenkrisen, es waren aber keine
sonstigen Tabeszeichen vorhanden, bis auf Trägheit der Pupillen und
auffallende Schwäche der Sehnenreflexe. Tagelang bestand unstillbares Erbrechen erst höchst saurer Massen, dann von Schleim, Galle und Blut.
Die Schmerzen waren so stark, dass der Patient zuweilen das Bewusstsein
verlor; nur grosse Morphiumgaben halfen. In der Zwischenzeit war der
Patient bis auf eine gewisse Reizbarkeit des Magens und Nervosität anscheinend gesund. Er ist verzogen und ist mit etwa vierzig Jahren (laut
brieflicher Mittheilung) im Anfalle plötzlich gestorben. Die Section ist
nicht gemacht worden. Man kann zweifelhaft sein, ob dieser Fall und ähnliche
Fälle eine der Migräne verwandte Krankheit darstellen. Ich glaube es aber
nicht, vermuthe vielmehr, dass es sich bei meinem Kranken um eine
abortive Tabes gehandelt habe. Der Vater war früh gestorben und der
Kranke hatte mit elf, zwölf Jahren lange an schweren Augenentzündungen
gelitten, die Trübungen der Hornhaut hinterlassen hatten; es ist daher
eine hereditäre Syphilis immerhin möglich.

Haben wir bisher von Erscheinungen gesprochen, die dem Migräneanfalle nur ähnlich sind, so richtet sich nun die Aufmerksamkeit auf die
Fälle, in denen echte Migräneanfälle als Symptom nicht der Krankheit
Migräne, sondern anderer Gehirnkrankheiten auftreten. Diese Fälle waren
den älteren Autoren nicht unbekannt, aber sie wurden nicht genügend
abgesondert, weil die Unterscheidung zwischen dem Migräneanfalle und
der Krankheit Migräne nicht genügend beachtet wurde.

Während Liveing als symptomatische Migräne nur die Anfälle bei
Gicht, Malaria und bei Herderkrankungen des Gehirns bezeichnet, haben

Charcot und seine Schüler die Migräne als Symptom der Tabesparalyse kennen gelehrt und ist die Migräne als Symptom der Epilepsie erst in neuester Zeit genügend bekannt geworden.

Mit der Arthritis larvata ist es offenbar nichts, denn in allen den von Liveing gegebenen und citirten Beispielen handelt es sich um Leute, die entweder zugleich an Migräne und an Gicht litten, oder, nachdem sie an Migräne gelitten hatten, Gicht bekamen und dann jene verloren. Letzteres ist nicht verwunderlich, da, wie früher erwähnt, auch andere constitutionelle Krankheiten die Migräne unterdrücken können.

Die Angaben über Malariamigräne sind ziemlich unklar. Ich vermuthe, dass es sich in der Regel um Supraorbitalis-Neuralgie gehandelt habe.

Bei Herderkrankungen des Gehirns scheinen Migräneanfälle als erstes Zeichen lange den übrigen Zeichen vorausgehen zu können. Eine 39jährige Frau, deren Familie migränefrei war und die selbst früher immer gesund gewesen war, kam zu mir wegen heftiger Migräneanfälle, die seit drei Jahren bestanden. Sie kamen alle vier Wochen, dauerten ein bis zwei Tage. Besonders die linke Hälfte des Vorderkopfes war schmerzhaft; das Gesicht war bleich und verfallen, die Augen waren eingesunken; am Abend des ersten Tages trat starkes Erbrechen ein. Ich sah die Kranke wiederholt im Anfalle und während eines solchen sank die Kranke vor meinen Augen zusammen und war links gelähmt. Noch einige Male kehrte die Migräne zurück, aber war viel schwächer, dann hörte sie ganz auf. Die Hemiplegie blieb bestehen und nach zwei Jahren starb die Kranke. Die Section konnte nicht gemacht werden. Der Ehemann war tabeskrank. Ferner kam ein 33jähriger Mann zu mir mit Anfällen von Kopfschmerz, die seit einem Jahre bestanden. Die Schmerzen nahmen die ganze Stirn ein, kehrten alle 14 Tage ungefähr zurück, waren manchmal mit Erbrechen verbunden. Erst in der letzten Zeit war auch zwischen den Anfällen der Kopf nicht ganz schmerzfrei und war den Angehörigen aufgefallen, dass der Kranke manchmal am Tage einschlief. Die ophthalmoskopische Untersuchung ergab nichts; ebensowenig waren die Reflexe u. s. w. verändert. Bald darauf wurde der Schmerz viel stärker und fast stetig; der Kranke liess sich in eine Heilanstalt aufnehmen und auch dort wurde das Leiden für »functionell« gehalten. Erst kurz vor dem Tode fand man Stauungspapille. Post mortem zeigte sich ein Sarkom des rechten Stirnlappens. Nach Liveing hat besonders Abercrombie Beobachtungen von Hirntumoren mitgetheilt, unter deren Symptomen unvollständige und auch vollständige Migräneanfälle mit visueller Aura und Aphasie waren. Er erzählt z. B. von einem 6jährigen Knaben, bei dem Anfälle heftigen Kopfschmerzes erst alle 14 Tage, dann ein- bis zweimal in der Woche auftraten. Sie begannen früh, dauerten 5—12 Stunden, endeten mit Erbrechen und nach einem tiefen Schlafe schien dann der

Knabe wieder ganz gesund zu sein. Erst nach vier bis fünf Monaten wurde der Schmerz stetig und zwei Monate später starb das Kind; man fand einen grossen Tuberkel in der linken Kleinhirnhemisphäre. Auch Lebert hat betont, dass Migräneanfälle zu den ersten Zeichen einer Gehirngeschwulst gehören können, und Wernicke[1]) sagt, dass der Tumorschmerz »einem Anfalle von Hemikranie täuschend ähnlich sein« könne. Als Unterscheidungsmerkmale führt Wernicke an, dass das Erbrechen bei Anfällen von Tumorschmerz nicht Erleichterung zu bringen pflege, dass hier die Zeit zwischen den Anfällen fast nie vollkommen frei sei, dass Ruhe bei Migräne erleichtere, bei Tumor in der Regel nicht, dass die Tumorkranken stumpf und egoistisch werden, die Migränekranken nicht. Es ist ersichtlich, dass gewöhnlich die Diagnose möglich sein wird, aber nicht immer.

Findet man Migräneanfälle bei Kranken mit Tabes, beziehungsweise progressiver Paralyse, so ist natürlich zu unterscheiden, ob ein Migränekranker Tabes bekommen hat, oder ob die Anfälle Zeichen der Tabes sind. Tabes und progressive Paralyse können hier promiscue genannt werden; man kann sagen, die Migräne ist wie die Augenmuskellähmungen und wie die lanzinirenden Schmerzen im Trigeminusgebiete ein tabisches Symptom, das ebensowohl die Tabes selbst als die Hirnrindenerkrankung, die Paralyse genannt wird, zuweilen einleitet, oder man kann sagen, die Migräne ist ein Gehirnsymptom, das nicht nur der Paralyse selbst, sondern auch der Tabes vorausgehen mag. Eine grössere Zahl von Einzelbeobachtungen hat wohl zuerst Oppenheim im Jahre 1884 veröffentlicht. Er fand unter 32 tabischen Weibern 10 mit Migräneanfällen und er sah diese bei zwei tabischen Männern. Er trennt die Fälle nicht nach ihrer Art, man kann aber trotzdem aus den meisten seiner kurzen Krankengeschichten ganz deutlich erkennen, ob es sich um die Krankheit Migräne oder um Tabesmigräne gehandelt hat. Dort Beginn der Anfälle in der Kindheit und Aufhören bei Entwickelung der Tabes, hier Beginn kurz vor oder mit den übrigen Tabessymptomen. Als Beispiele gebe ich die beiden Männerfälle wieder. Ein 36jähriger Mann, der seit zwei bis drei Jahren an Tabes litt, hatte seit früher Jugend alle vier Wochen einen typischen Migräneanfall gehabt. Seit Entwickelung der Tabes hatten die Anfälle »an Intensität verloren«. Ein 39jähriger Mann hatte seit sieben Jahren lanzinirende Schmerzen, Harnträufeln, Sehschwäche u. s. w., seit drei Jahren Anfälle von Migräne mit Flimmern und Erbrechen. Als bemerkenswerthe Fälle von tabischer Migräne seien weiter einige Beobachtungen Oppenheim's referirt. Eine 47jährige Frau litt seit fünf Jahren an lanzinirenden Schmerzen, Doppeltsehen, Gürtelgefühl u. s. w., seit sieben Jahren an Anfällen rechtseitiger wüthender Kopfschmerzen, die mit Uebelkeit, Brech-

---

[1]) Lehrbuch der Gehirnkrankheiten. 1883, III. p. 279.

neigung, Empfindlichkeit gegen Licht und Geräusche verbunden waren. Sie traten alle zwei bis drei Monate, dann häufiger, schliesslich alle 8—14 Tage auf, verbanden sich mit heftigem Erbrechen, Angst- und Schwindelgefühl. Eine 49jährige Frau litt seit vier bis fünf Jahren an lanzinirenden Schmerzen und anderen Tabessymptomen, seit acht Jahren an Migräneanfällen, die aus Kopfschmerz, Erbrechen, allgemeiner Erschlaffung bestanden, erst alle vier Wochen auftraten, dann häufiger und länger wurden, schliesslich alle paar Tage wiederkehrten, mit Schmerzen in der Magengegend und Angst verbunden waren und nur durch grosse Morphiumgaben gemildert wurden. Ich habe die tabische Migräne nicht oft gesehen; unter 40 tabeskranken Weibern hatten sie zwei, bei einem Manne habe ich sie noch nicht beobachtet. Die eine Kranke stammte aus gesunder Familie und versicherte, keines ihrer Verwandten leide an Kopfschmerzen. Sie war mit 18 Jahren syphilitisch geworden, hatte mit 24 Jahren Migräneanfälle, d. h. Stirnkopfschmerzen mit Erbrechen, die einen Tag dauerten, alle drei Wochen wiederkehrten, bekommen, mit 34 Jahren Doppeltsehen und dann weitere Tabessymptome. Als ich sie in ihrem 44. Lebensjahre kennen lernte, war die Tabes vollständig entwickelt, die Migräne trat nur noch selten auf. Als frühzeitiges Zeichen der Paralyse beschrieben Charcot und Parinaud die Augenmigräne, auch W. Sander nannte die Migräne schon 1876 unter den frühen Symptomen. Die französischen Autoren haben vielleicht die Migraine ophthalmique zu sehr in den Vordergrund gestellt, gewöhnliche Migräneanfälle und solche mit visueller Aura kommen als Zeichen der Tabesparalyse vor. Eine neuere Beobachtung rührt von P. Blocq her. Die 27jährige Patientin, die fünf Fehlgeburten durchgemacht hatte und der zwei Kinder bald nach der Geburt gestorben waren, war seit etwa einem Jahre durch krankhafte Erregbarkeit und Geistesschwäche auffällig geworden und litt seit sechs Monaten an Anfällen von peinlichem Taubheitsgefühl in der rechten Körperhälfte mit Sprachbeschwerden. Vor etwa 14 Tagen hatte die Kranke plötzlich mit dem linken Auge Funken wahrgenommen und hatte die Gesichter der Umgebenden nur noch zur Hälfte erblickt. Nach einiger Zeit war heftiger Stirnkopfschmerz eingetreten und galliges Erbrechen hatte den Anfall beendet. Es bestanden alle Zeichen der Paralyse. Andere Fälle findet man bei Féré u. A. Es kann also der Migräneanfall bei Tabesparalyse ganz dem der Krankheit Migräne gleichen. Die Unterscheidung hat sich zu gründen auf das Vorhandensein ererbter Anlage, auf den Beginn in der Kindheit oder frühen Jugend, auf den Verlauf einerseits, auf den späten Beginn, auf das Vorausgehen der Syphilis andererseits. Bei jeder Migräne, die spät beginnt und der Syphilis vorausgegangen ist, sei man mit der Diagnose vorsichtig. Schwierigkeiten könnten entstehen, wenn etwa die Migräne als Symptom einer auf ererbter Syphilis beruhenden Tabesparalyse in der Kindheit aufträte. Findet man die Migräne nicht allein, sondern neben anderen Zeichen der Tabesparalyse, so ist sie nur dann als tabisch anzusehen, wenn sie erst nach der Infection, beziehungsweise kurz vor oder mit den anderen Symptomen begonnen hat.

Weit schwieriger als die der tabischen ist die Beurtheilung der epileptischen Migräne. Féré sieht im Grunde die Epilepsie und die Migräne als Aeusserungen derselben Krankheit an. Er sagt: parmi les phénomènes qui accompagnent l'épilepsie partielle ou alternent avec elle, il faut citer les migraines sensorielles et en particulier la migraine ophthalmique qui peut leur servir de type et qui, à l'état d'isolement, constitue une véritable épilepsie sensorielle avec ses phénomènes d'épuisement d'hémianopsie et quelquefois de somnolence. Von diesem Standpunkte aus gibt es eigentlich keine Diagnose zwischen Migräne und Epilepsie. Mir scheint, der Fehler liegt darin, dass Féré nicht zu einer ätiologischen Auffassung durchgedrungen ist, nur Symptome vergleicht. Wenn man bedenkt, dass die Krankheit Migräne fast ausschliesslich durch gleichartige Vererbung entsteht, dass sie fast immer unverändert durch das Leben besteht, dass bei ihr nie Schwachsinn eintritt, so sieht man, dass sie trotz der unleugbaren Aehnlichkeit wesentlich von der Epilepsie verschieden ist. Wohl kann es unter Umständen unmöglich sein, zu sagen, ob Migräne oder Epilepsie vorliegt, z. B. wenn die Aura allein auftritt, aber auch in solchen Fällen ist es doch das eine oder das andere, liegt die Unentschiedenheit nur in der mangelhaften Erkenntniss, nicht in der Sache. Wenn wir von den seltenen Fällen absehen, in denen möglicherweise aus der Migräne Epilepsie wird, in denen die Wiederkehr der hemikranischen Anfälle zur Entwickelung der epileptischen Veränderung führt, Fälle, die schon früher besprochen worden sind, so haben wir hier die Fälle zu betrachten, in denen ausser epileptischen Symptomen hemikranische vorhanden sind, und die, deren Symptome sowohl epileptischer als hemikranischer Art sein können. In jenen also handelt es sich um Epilepsie, die an Migräne erinnert oder Migräne vortäuscht. Als allgemeine Regel kann man, glaube ich, annehmen, dass überall da, wo Krämpfe vorkommen, Epilepsie besteht. Die Symptome der Migräne sind ausschliesslich sensorischer Art und ich möchte Migräne nicht diagnosticiren, wenn auch nur geringe Krampferscheinungen, z. B. Verziehung des Mundwinkels und der Zunge, vorhanden sind. Hält man dies fest, so ist alles, was neben den Krämpfen vorkommt, nur scheinbare Migräne, in Wirklichkeit larvirte Epilepsie. Dass die sensorische und die aphatische Aura bei der Epilepsie ebenso wie bei der Migräne vorkommen kann, braucht nicht erörtert zu werden. Aber auch die visuelle Aura der Epilepsie kann ganz der der Migräne gleichen. Auch Gowers sagt dies und fügt mit Recht hinzu, dass gewöhnlich bei Epilepsie die visuelle Aura kurz sei, nur wenige

Secunden dauere, während sie bei Migräne 10—30 Minuten anhält, dass das Fortificationsspectrum mehr für Migräne spreche, dass aber diese Unterschiede nicht beweisend seien. Als Beispiele seien folgende Beobachtungen Féré's[1] angeführt.

Eine 41jährige Frau hatte mit acht Jahren Krampfanfälle, die vorwiegend die rechte Körperhälfte betrafen und während zwei bis drei Monate wiederkehrten. Seit acht bis zehn Jahren litt die Kranke an Anfällen von Einschlafen der rechten Hand, besonders des Ulnarisgebietes. Sie traten fast alle Tage am Morgen ein, ergriffen nie den Arm, zuweilen aber auch den rechten Unterschenkel und waren mit einer Art von Klopfen in der rechten Mundgegend verbunden. Ihnen folgten manchmal Schwindel und Druckgefühl im Hinterkopfe. Erst seit zwei Jahren trat auch ein Scotom auf, das den unteren oder einen seitlichen Theil des Gesichtsfeldes verdeckte. Zuweilen bemerkte die Kranke ein wie in elektrischem Lichte leuchtendes Zahnrad, das in zitternder Bewegung war und wie das Scotom das Sehen verhinderte. Dieses Flimmerscotom dauerte eine Viertelstunde und hinterliess Uebelkeit.

Eine 54jährige Frau, die nach Pariser Sitte mit Kohlen und Wein handelte, bekam plötzlich heftigen Schmerz über dem rechten Auge und sah zugleich »36 Lichter«. Sie glaubte, es habe ihr jemand einen Stein an den Kopf geworfen, stürzte wüthend auf die Strasse, fand nur ihren Mann und zu ihrem Schrecken konnte sie nicht zu ihm sprechen und sah ihn nur halb. Bald darauf krümmten sich die Finger der rechten Hand gewaltsam und der ganze rechte Arm wurde von Zuckungen ergriffen, der Kopf wurde nach rechts gedreht und der rechte Mundwinkel zuckte. Die Zuckungen dauerten nur zwei Minuten, Scotom, Kopfschmerz und Aphasie dauerten eine Viertelstunde. Dann trat Erbrechen ein und bald war alles vorüber. Seitdem hatte die Kranke noch fünf gleiche Anfälle gehabt.

Ein 43jähriger Apotheker, dessen Vater an progressiver Paralyse gestorben war, dessen Mutter und Schwester geisteskrank waren, hatte seit dem neunten Jahre Anfälle von petit mal. Er erblickte rechts eine feurige Kugel oder Blitze, empfand einen reissenden Schmerz in der rechten Kopfhälfte und verlor das Bewusstsein. Zuweilen traten auch Krämpfe ein. Im 30. Jahre zeigte sich zum ersten Male eine von der rechten Hand ausgehende sensorische Aura mit Aphasie. Die visuelle Aura war bald eine feurige Kugel, bald ein leuchtendes Rad, bald eine helle oder regenbogenfarbige Zickzacklinie, bald ein halbseitiges dunkles Scotom. Manchmal fehlte die Bewusstlosigkeit, immer folgte Erbrechen. Die Frau des Kranken versicherte, er habe sich wiederholt in die Zunge

[1] Les épilepsies, p. 56.

gebissen. Mit 36 Jahren hatte der Kranke tabische Symptome bekommen und seitdem hatten die epileptischen Anfälle allmählich aufgehört.

Féré spricht in diesen Fällen schlechtweg von Migraine ophthalmique, ich glaube aber, dass es sich um wirkliche Epilepsie gehandelt habe. Unter dem Einflusse der Behandlung können die Anfälle sozusagen abgeschwächt werden, so dass nur die Aura übrig bleibt. So war es z. B. bei der 54jährigen Patientin Féré's: bei Brombehandlung blieben zuerst die Krämpfe weg, dann schwanden die Parästhesien und die Aphasie, zuletzt bestanden die Anfälle nur noch aus Kopfschmerz mit Flimmerscotom und Erbrechen. Wäre nun ein neuer Arzt hinzugekommen, so hätte er wahrscheinlich eine falsche Diagnose gemacht. Es kann aber auch durch den natürlichen Verlauf oder von vorneherein der epileptische Anfall mit Migränesymptomen sich auf letztere reduciren. Am häufigsten wird wohl die isolirte sensorische Aura (die sensorielle Epilepsie nach Pitres) zu der Frage: Epilepsie oder Migräne? veranlassen. Man ist dann auf zweierlei angewiesen: die Anamnese und die objective Untersuchung. In der Mehrzahl der Fälle von Jackson'scher Epilepsie fehlen objective Zeichen nicht ganz: die Sehnenreflexe sind auf der betroffenen Seite etwas gesteigert, es bestehen dauernd eine gewisse Muskelschwäche, eine grössere Kühle, leichte Cyanose, geringe Störungen der Empfindlichkeit. Bei Migräne aber fehlen im Intervall stets alle objectiven Symptome. Bisher ist nur von der partiellen Epilepsie die Rede gewesen. Dass die grossen Anfälle der »genuinen« Epilepsie (oder wie man sich sonst ausdrücken mag) zu diagnostischen Bedenken keinen Anlass geben, versteht sich von selbst. Doch kann das petit mal gelegentlich mit Migräne verwechselt werden. Ein 21jähriger Mann z. B. kam sehr betrübt zu mir, weil er »wegen Epilepsie« in's Krankenhaus geschafft worden war. Sein Vater litt an Migräne, er selbst hatte schon früher Kopfschmerzen gehabt, aber seit zwei Jahren, seit einem Rheumatismus acutus, hatten die Anfälle ihre Form verändert. Er bekam ungefähr alle acht Tage plötzlich ein typisches Flimmerscotom, wurde dann von ohnmachtähnlicher Schwäche, mit der starkes Zittern beider Hände verbunden war, befallen, musste erbrechen und bekam dann erst Kopfschmerzen. Wird ein Migränekranker ohnmächtig, was ja gelegentlich vorkommt, so wird immer der Gedanke an Epilepsie auftauchen. Endlich darf man nicht vergessen, dass beide Krankheiten bei einem Menschen nebeneinander bestehen können.

Ich habe nun noch das Verhältniss zweier Krankheiten zur Migräne zu besprechen, das der Hysterie und das gewisser Augenmuskellähmungen. Die Ansichten sind hier und dort getheilt und bei der Neuheit dieser Dinge ist wohl vorläufig eine Einigung kaum zu erwarten.

Dass dann, wenn der Migränekranke hysterisch ist, allerhand Combinationen vorkommen können, die unter Umständen diagnostische

Schwierigkeiten machen, das versteht sich von selbst. Gelegentlich habe ich schon die Verknüpfung der visuellen Aura mit hysterischer Diplopie erwähnt. Ferner kann sich dauernde hysterische Amblyopie oder Amaurose an das hemikranische Scotom anschliessen, hysterische Kopfschmerzen, hysterisches Erbrechen, hysterische Sensibilitätstörungen können sich einmischen, der Migräneanfall kann einen hysterischen Anfall auslösen u. s. f. Ohne weitläufig zu werden, kann ich nicht auf diese Dinge eingehen, die nach den gewöhnlichen Regeln der Diagnostik zu erledigen sind und bei denen theoretische Bedenken nicht in Frage kommen. Die Streitfrage aber ist die, ob der Migräneanfall ein Symptom der Hysterie sein kann. Charcot und seine Schüler haben es behauptet. Zuerst hat Babinski 1890 die Thesis vertheidigt, dann 1891 L. Fink, ein Schüler Reymond's, also sozusagen ein Enkel Charcot's. [1]) Die Beweisführung geht so vor sich, dass die Migräne (oder die Augenmigräne, von dieser allein nämlich reden die französischen Autoren) bei Hysterischen gefunden werde, dass sie eng mit hysterischen Symptomen verknüpft sei, dass die Migräne hysterische Symptome ersetzen könne und umgekehrt, dass seelische Erscheinungen auch auf die Migräne von Einfluss seien, dass man die Migräne durch hypnotische Suggestion hervorrufen könne. Ich habe schon früher an anderem Orte gesagt, dass mir Babinski's Beobachtungen durchaus nicht beweisend zu sein scheinen, und ich muss von den durch Fink gesammelten Beobachtungen dasselbe sagen. Zunächst wäre in solchen Fällen das Hauptgewicht auf den Nachweis zu legen, dass die hysterischen Kranken nicht an Migräne selbst gelitten haben. Es wäre also zu zeigen, dass bei den Verwandten keine Migräne bestand, dass die Kranken in der Jugend, vor der Zeit der hysterischen Zufälle keine Migräne hatten. Dieser Nachweis aber ist nicht geleistet worden, im Gegentheile wird in mehreren Beobachtungen ausdrücklich gesagt, dass die Kranken früher an gewöhnlicher Migräne litten. Das Zusammenvorkommen und die Verknüpfung der Migräne mit hysterischen Symptomen können selbstverständlich gar nichts beweisen, denn die Migräne kommt überhaupt vorzugsweise bei neuropathischen Leuten vor, die Gelegenheitursachen sind bei beiden Krankheiten ungefähr dieselben, die Migräneanfälle können geradeso wie beliebige andere Zufälle als Agent provocateur für hysterische Symptome dienen und umgekehrt kann die Erschütterung des Organismus durch hysterische Anfälle den Migräneanfall hervorrufen. Dass seelische Veränderungen bei der Migräne von grosser Bedeutung sind, habe ich früher hervorgehoben, damit ist aber in keiner Weise dargethan, dass der Migräneanfall seelischer Art sein könne, wie die Hysteriesymptome es sind. Nun bleibt noch eins übrig. Wenn, wie bei Babinski's einer

---

[1]) In der Beobachtung von Thomas handelt es sich einfach um Augenmigräne bei einem hysterischen Knaben.

Kranken. Druck auf den sechsten Brustwirbel die Augenmigräne hervorruft (point migrainogène!), wenn im hypnotischen Zustande durch Suggestion das Flimmerscotom erzeugt wird, so haben wir doch zweifellos hysterische Erscheinungen vor uns. Ganz gewiss, aber dann handelt es sich um eine hysterische »Contre-façon« der Augenmigräne, nicht um einen wirklichen Migräneanfall. Wenn wir eine hysterische Hemiplegie treffen, so nimmt doch heutzutage kein verständiger Mensch mehr an, dass nun in der inneren Kapsel etwa Veränderungen bestehen, die Ursache des hysterischen Symptoms sind. Vielmehr ahmt der Hysterische unwillkürlich eine echte Hemiplegie nach. Wenn ich bei einem Hypnotisirten die Hallucination eines Blitzes wachrufe, so wirkt doch nicht mein Wort auf die Rinde des Hinterhauptlappens wie ein elektrischer Strom, sondern es entsteht durch Association der Vorstellungen eine so lebhafte Phantasievorstellung, dass sie einer Wahrnehmung gleicht. Kurz, die hysterische Nachahmung eines Symptoms ist nicht das Symptom selbst; handelt es sich um ein im Hirn localisirtes Symptom, so entsprechen der hysterischen Nachahmung nicht Veränderungen am Orte der Läsion u. s. f. Uebrigens möchte ich glauben, dass die hysterische Nachahmung der Augenmigräne nur bei solchen Hysterischen vorkomme, die wirklich an Migräne gelitten haben, die also einer Erinnerung an die von ihnen selbst erfahrenen Phänomene fähig sind. Wenn Gilles de la Tourette[1]) sagt: »Eh bien, il est certain que tous ces phénomènes (sc. de la migraine ophthalmique), l'hystérie peut les simuler, ou mieux se les assimiler au point de rendre le diagnostic très hésitant«, so entspricht das ganz meiner Auffassung. Ich gebe zu, dass eine hysterische Contre-façon der Migräne vorkomme und dass es schwer sein könne, sie von echter Migräne zu unterscheiden, ich leugne nur, dass die Migräne in dem Sinne ein Symptom der Hysterie sein könne, wie sie ein Symptom der Epilepsie oder der Tabesparalyse ist. Gilles, der übrigens darin zu irren scheint, dass er die Migräne in allen von Babinski und Fink zusammengestellten Beobachtungen für die hysterische Pseudomigräne hält, während es sich gewöhnlich um echte Migräne bei Hysterischen handelt. Gilles meint, die Untersuchung des Urins nach dem Anfalle könne allein zu der Differentialdiagnose helfen. Ich lasse das dahingestellt sein. In seinen weiteren Ausführungen über die Hemiopie und ihre Beziehungen zu der hysterischen Einschränkung des Gesichtsfeldes nimmt er nicht darauf Rücksicht, dass auch bei der Migräne eine wirkliche Hemiopie nicht vorkommt, sondern nur ein Scotom, dass also die sogenannte Hemiopie bei Migräne und die concentrische Einschränkung des Gesichtsfeldes nicht beide Verminderungen des Gesichtsfeldes sind, bei denen nur die Localität verschieden wäre, sondern toto

---

[1]) Traité de l'hystérie. 1891, I, p. 375.

genere verschiedene Dinge. Es ist richtig, dass Hemiopie bei Hysterie
nicht vorkomme, sie fehlt aber auch bei Migräne. Die Gesichtsfeld-
messungen ergaben bei der sogenannten hysterischen Augenmigräne nach
dem Anfalle nur concentrische Einschränkung. Im Anfalle richtet sich
die Grösse des Gesichtsfeldes nach der Grösse des Scotoms und ausserdem
kann die concentrische Einschränkung gefunden werden. Bemerkenswerth
ist die Untersuchung Parinaud's während suggerirter Augenmigräne:
»au moment, où la malade ne voyait que la moitié des objets le champ
visuel est encore plus rétréci qu'à l'état normal, mais on ne constate pas
les caractères objectifs de l'hémiopie permanente.« Möglicherweise könnte
die Behandlung zur Differentialdiagnose helfen: ausschliessliche Behandlung mit Migränemedicamenten (Brom, Natr. salicyl. u. s. w.) wird die
Migräneanfälle beseitigen, während sie auf hysterische Zufälle keinen
Einfluss hat. Freilich kann die suggestive Wirkung der Medicamente irre-
führen. Um schliesslich ein Beispiel zu geben, will ich die erste Beobachtung
Babinski's wiedererzählen: es ist dieselbe, auf Grund deren Charcot zuerst
im Jahre 1888 auf die Beziehungen der Migräne zur Hysterie hingewiesen
hat. Ein 21jähriger Graveur, dessen Eltern sich wohl befanden, dessen
Schwester an Nervenzufällen litt, hatte nach einer Conjunctivitis in Anfällen auftretende Schmerzen im Auge mit Nebelsehen, die täglich Nachmittags um 4 Uhr wiederkehrten, bekommen. Der Arzt hielt eine Operation
für nöthig und an dem Tage, an dem diese stattfinden sollte, erlitt der
Kranke seinen ersten Krampfanfall. Nach einer Reihe von Anfällen bildete
sich eine eigenthümliche Aura aus. Ein lebhafter Schmerz zog vom
Scheitel zum linken Auge und der linke Nasenflügel erzitterte. Dann trat
in der linken Hälfte des Gesichtsfeldes Flimmerscotom auf: aus Funken
und leuchtenden Strichen wurden Zickzackbogen, die in den Regenbogenfarben glänzten. Die Erscheinung nahm allmählich das ganze Gesichtsfeld
ein. Nach einigen Minuten verschwand sie und dann begann der Anfall.
Zuweilen traten Kopfschmerz und Flimmerscotom ohne Krampfanfall auf,
manchmal blieb der Schmerz allein. Zuweilen wurde die Aura von kurzer
Stummheit (hemikranischer Aphasie?) gebildet. Man fand: Hemianaesthesia
dextra, Amblyopie, Diplopia monophthalmica, starke Einschränkung des
Gesichtsfeldes. Bei Wasser- und Brombehandlung hörten die Krampfanfälle und auch die Migräneanfälle auf, die Stigmata verschwanden.

Seitdem, dass ich im Jahre 1884 die Aufmerksamkeit auf die
»periodische Oculomotoriuslähmung« gelenkt hatte, sind zahlreiche
ähnliche Beobachtungen veröffentlicht worden und ist das merkwürdige
Krankheitsbild von vielen Autoren eingehend besprochen worden. Ich war
der Ansicht, dass es sich um eine besondere Krankheit handle, und wenn
auch die Ursache des Leidens ganz unbekannt ist und ebenso über den
Sitz wie über die Art der Läsion verschiedene Meinungen gelten, so

scheinen doch die Meisten jener Ansicht zuzustimmen. Freilich hat schon Sanndby seine Beobachtungen als Migräne mit Oculomotorinslähmung bezeichnet. Remak und Andere haben darauf hingewiesen, dass nähere Beziehungen zwischen der Migräne und der periodischen Oculomotoriuslähmung bestehen möchten, und schliesslich hat Charcot im Jahre 1890 die letztere als Art der Migräne bezeichnet, eine Auffassung, gemäss der er den Namen »Migraine ophthalmoplégique« vorschlug. Dass ich dieser Lehre nicht zustimmen kann, geht schon daraus hervor, dass ich die periodische Oculomotoriuslähmung nicht unter den Folgen der Migräne, sondern hier, unter den diagnostisch zu trennenden Krankheiten bespreche. Bekanntlich denkt man bei periodischer Oculomotoriuslähmung an die Fälle, in denen vom jugendlichen Lebensalter oder von Kindheit an auf den Oculomotorius beschränkte, mit Kopfschmerz und Erbrechen einsetzende Lähmungen in annähernd gleichen Abständen wiederkehren. Wollte ich an dieser Stelle eingehend die Casuistik besprechen, so müsste ich einen ungebührlich grossen Raum dafür in Anspruch nehmen. Ich habe alle Beobachtungen in »Schmidt's Jahrbüchern« besprochen und muss wegen des Genaueren dahin verweisen. Hier will ich mich darauf beschränken, die Aehnlichkeiten mit der Migräne und die Unterschiede von ihr zu bezeichnen, wobei sich ergeben wird, dass diese wichtiger sind als jene. Beide Leiden beginnen in der Jugend, beide bestehen aus annähernd periodisch auftretenden Anfällen, in beiden Anfällen kehrt dasselbe Syndrom, nämlich halbseitiger Kopfschmerz, der um das Auge und hinter ihm am stärksten ist, und Erbrechen, wieder. In der That leitet den Anfall der Augenmuskellähmung ein echter Migräneanfall ein: darüber besteht kein Zweifel, vielmehr streiten wir darum, ob dieser Migräneanfall ein Symptom einer anderen Krankheit ist und den Migräneanfällen bei Tabesparalyse und Epilepsie gleichwerthig ist, oder ob es sich um die Krankheit Migräne in beiden Fällen handelt. Bei der periodischen Oculomotoriuslähmung sind die Verhältnisse sehr verschieden: Die Anfälle können nach Wochen, nach Monaten, nach Jahren wiederkehren, sie können (ehe die Lähmung eintritt) Tage, Wochen, Monate dauern, die Lähmung dauert ebenso lange oder länger, sie verschwindet in der Zwischenzeit fast ganz, oder sie bleibt in grösserer oder geringerer Ausdehnung bestehen, wächst in den Anfällen nur an. Die langen Zwischenzeiten kommen bei der Krankheit Migräne sehr selten, bei der periodischen Oculomotoriuslähmung oft vor. Die lange Dauer des Migräneanfalles ist dort eine Ausnahme, hier die Regel. Hier können die Kranken nicht nur eine Woche, sondern drei bis vier Wochen fast unausgesetzt an Kopfschmerz und Erbrechen leiden, bis endlich die Oculomotoriuslähmung eintritt und mit ihrem Eintritte jene Symptome plötzlich verschwinden. Letzteren Umstand halte ich für wichtig, denn er deutet darauf hin, dass die auf die Lähmung abzielenden Läsionen die

Migränesymptome hervorrufen, nicht diese jene. Nimmt man an, dass der Migräneanfall zur Augenmuskellähmung führe, wie er nach der Vorstellung Mancher zu einer Blutung u. s. w. führen kann, so sollte man erwarten, dass es bei schweren Migräneanfällen nicht so selten zu Oculomotoriuslähmung komme. Nun ist aber davon nichts zu erfahren. Zwar wird in einigen Fällen von periodischer Oculomotoriuslähmung berichtet, dass vor der ersten Lähmung durch kürzere oder längere Zeit einfache Migräneanfälle vorausgegangen seien, wie denn solche auch zwischen den Anfällen mit Lähmung auftreten können, aber in der Regel ist von vorneherein der Anfall der periodischen Oculomotoriuslähmung vollständig, die Lähmung ist schon in der Kindheit vorhanden, während die Krankheit Migräne, wenn sie zu groben Läsionen führt, dies nach der Meinung Aller doch erst im vorgerückten Alter thut. Eine weitere Differenz liegt darin, dass bei der periodischen Oculomotoriuslähmung von den Migränesymptomen, Kopfschmerz und Erbrechen, regelmässig vorhanden sind, alle anderen Zeichen der Krankheit Migräne aber regelmässig fehlen. Ist jene die Krankheit Migräne plus Oculomotoriuslähmung, warum fehlt dann immer die Aura, besonders die visuelle Aura, die doch sonst bei schwerer Migräne so häufig ist? Endlich aber, und das ist für mich das durchschlagende Argument, beruht die Krankheit Migräne auf gleichartiger Vererbung, die periodische Oculomotoriuslähmung nicht. Die meisten an der letzteren Krankheit Leidenden haben keine migränekranken Verwandten. Bedenkt man, dass die Migräne sich nicht nur überhaupt vererbt, sondern oft gerade in ihrer besonderen Form vererbt, so dass der Sohn eines an Augenmigräne leidenden Mannes oft nicht nur überhaupt Migräne, sondern gerade wieder Augenmigräne hat, und nimmt man an, dass es eine Varietät der Migräne mit Oculomotoriuslähmung gebe, so müsste man von dieser doch erwarten, dass sie in mehreren Generationen oder wenigstens bei verschiedenen Gliedern einer Familie auftrete. Aber wir finden nichts derart: Die Kranken mit periodischer Oculomotoriuslähmung stehen ganz vereinzelt da, die Krankheit hat anscheinend mit Vererbung gar nichts zu thun.[1]

Nur mit einigen Worten möchte ich die Frage berühren, ob, abgesehen von der periodischen Oculomotoriuslähmung, Beziehungen zwischen Migräne

---

[1] In Beziehung auf die bisher gefundenen anatomischen Veränderungen (Weiss, Thomsen, Richter), stimme ich Charcot ganz bei, wenn er annimmt, dass sie die Krankheit nicht erklären, secundärer Art seien. Dass ich die Trennung der Fälle in solche mit freien Intervallen und solche mit bleibender Lähmung nicht anerkennen kann, habe ich an anderem Orte gesagt. Es gibt die erste Classe gar nicht: sind ja im Anfange die Intervalle frei, so entwickelt sich doch mit der Zeit dauernde Lähmung. Uebrigens würde die letztere gar nicht gegen Charcot's Hypothese sprechen, es vielmehr ganz verständlich sein, wenn bei der zu organischen Veränderungen führenden Migräne jeder Anfall die vorhandene Lähmung verschlimmerte.

und Augenmuskellähmungen bestehen. Einmal habe ich bei einem 12jährigen, an schwerer Migräne leidenden Mädchen Ptosis congenita beider Augen beobachtet. Ob ein Zusammenhang besteht, ist vorläufig nicht zu sagen. Bei einer 38jährigen Frau, deren Schwester auch an Migräne litt, und die selbst seit der Kindheit Anfälle hatte, fand ich Ophthalmoplegia interior dextra. Aber die Kranke hatte mit 20 Jahren einen syphilitischen Mann geheiratet, also war die Augenlähmung wohl ein Tabessymptom. Die Literatur enthält wenig. Living erzählt von einem Gärtner, der seit seiner Kindheit an gewöhnlicher Migräne litt und dessen Tochter ebenfalls Migräne hatte. Im 40. Jahre bekam der Mann, nachdem er längere Zeit an Gesichtschmerzen gelitten hatte, einige Anfälle mit visueller Aura und nach einem solchen trat Doppeltsehen ein. Man fand Lähmung des rechten Internus and to some extent of the superior oblique. In diesem Falle könnte man denken, dass die Migräne die Augenmuskellähmung bewirkt habe. Es ist aber auch nicht ausgeschlossen, dass der Gärtner an beginnender Tabes litt. Auch eine meiner Kranken litt seit der Jugend an einfacher Migräne und bekam erst, als eine progressive Paralyse sich entwickelte, Anfälle mit visueller und sensorischer Aura (vgl. p. 29). Wunderlich ist der Schluss der Geschichte des Gärtners. Nachdem die Augenmuskellähmung etwa vier Wochen bestanden hatte, trat ein Niesskrampf ein und darnach verschwand das Doppeltsehen, blieb nur geringe Schwäche des Internus zurück. Die Erkrankung der Stirnhöhlenschleimhaut hat, wie es scheint, zuweilen einen Einfluss auf die Augenbewegung. Daran muss man auch in diesem Falle denken.

V. Ueber die Prognose der Migräne.

Nach dem, was ich über Verlauf und Diagnose der Migräne gesagt habe, bleiben für die Prognose nur einige Bemerkungen übrig. Ich habe versucht, auseinanderzusetzen, dass wir bis jetzt über die Möglichkeit der Entstehung grober Gehirnveränderungen durch die Migräneanfälle, über den Uebergang der Migräne in andere, schwerere Krankheiten noch recht wenig wissen. In praxi aber dürfte es sich empfehlen, die Sache nicht zu leicht zu nehmen, und man sollte, abgesehen vom Grade der Wahrscheinlichkeit, durch die blosse Möglichkeit sich veranlasst sehen, jede schwere Migräne ernsthaft zu behandeln. Man hat oft mit der Indolenz der Kranken selbst zu kämpfen, die da meinen, gegen »ihre alte Migräne« sei doch nichts zu machen. Je weniger Anfälle, um so besser, je seltener sie wiederkehren, um so weniger besteht die Gefahr, dass sie dauernde Schädigung des Gehirns hervorrufen. Ein grosser Vortheil ist es schon, wenn es gelingt, vollständige in unvollständige, schwere in leichte Anfälle zu verwandeln, denn vermuthlich ist die Gefahr der Intensität des Anfalles proportional. Scheint mir auch die düstere Färbung, in der Charcot und seine Schüler die Zukunft der Kranken mit Augenmigräne schildern, übertrieben zu sein, so sind doch zweifellos die vollständigen Anfälle mehr zu fürchten, als die »vulgäre« Migräne.

Auf jeden Fall wird mehr gefehlt durch zu sorglose als durch zu ernste Beurtheilung der Migräne. Ein Arzt, der die Migräne seiner Kranken verlacht, verdient nicht, Arzt zu heissen. Wer sich nur um die Leiden kümmert, die eine »pathologisch-anatomische Begründung« haben, der hätte lieber Anatom werden sollen. Jede Migräne ist eine Krankheit, die viel Leiden verursacht, die Leistungsfähigkeit und die Lebensfreude ernstlich beeinträchtigt. Möglicherweise setzen die Anfälle bei häufiger Wiederkehr auch dann, wenn keine grobe Veränderung entsteht und wenn das Leben nicht gerade abgekürzt wird, die Leistungsfähigkeit dauernd herab, so dass die Kranken auch in den Zwischenzeiten nicht das leisten können, was sie ohne Migräne leisten würden. Ueber diese Dinge ist schwer zu urtheilen. Zweifellos ist, dass den Migränekranken manche Berufsarten durch ihr

Leiden mehr oder weniger verschlossen werden, dass sie nicht selten zu einem stillen und einsamen Leben gezwungen werden, das ihren natürlichen Wünschen vielleicht durchaus nicht entspricht. Alle diese Erwägungen müssen den Arzt veranlassen, die Behandlung der Migräne möglichst frühzeitig und möglichst nachdrücklich zu betreiben.

VI. Die Behandlung der Migräne.

Zur Verhütung der Migräne lässt sich wenig thun. Dass Migränekranke nicht heiraten sollten, kann man nicht verlangen, auch würde dem Verlangen nicht entsprochen werden. Immerhin gehört die Migräne zu dem, was gegen eine Ehe spricht, und besonders dann, wenn beide Theile an Migräne leiden.

Ob durch irgend ein Verhalten die von Migränekranken stammenden Kinder vor der Migräne bewahrt werden können, ist unbekannt. Empfehlen kann man nur das, was überhaupt der Gesundheit des Gehirns zuträglich ist, einfache natürliche Lebensweise, Aufenthalt im Freien, späten Beginn des Schulunterrichts, Vermeidung von Aufregungen und Anstrengungen.

Bei der Berufswahl kann die Migräne ins Gewicht fallen und dazu beitragen, die Wahl auf eine Beschäftigung zu lenken, die nicht an die Stadt und nicht ans Zimmer fesselt.

Die Behandlung der Krankheit hat zum Ziele die Unterdrückung, Abschwächung der Anfälle. Sie besteht theils aus der Regelung der Lebensweise, theils aus ärztlichen Verordnungen im engeren Sinne. Zu ihr gehört natürlich die Vermeidung von Schädlichkeiten überhaupt, besonders aber die Vermeidung der Gelegenheitsursachen. Da die letzteren nicht in jedem Falle dieselben sind, ist ein gewisses Individualisiren nöthig.

In Beziehung auf die Nahrung habe ich die Meinung, dass eine vorwiegend vegetabilische Nahrung zuträglicher sei, als reichliche Fleischkost. Manche Patienten sind sogar strenge Vegetarianer und behaupten, dass seit der neuen Nahrungsweise ihre Anfälle ganz weggeblieben, oder seltener und schwächer geworden seien. Ich will die Thatsache nicht leugnen, nur darf man nicht vergessen, dass mit der Aenderung der Kost oft andere Veränderungen (Vermeidung des Alkohols, regelmässigere Lebensweise überhaupt u. s. w.) verbunden sind, dass dabei die Suggestion eine Rolle spielt, dass zuweilen die Gewöhnung den Erfolg der Maassregel aufhebt. Das letztere kommt recht oft in Betracht und ich glaube, dass es sich dabei nicht nur um Suggestion handle. Vertragen die Patienten diese oder jene Speisen nicht, so müssen sie sie vermeiden. Jedoch gibt es auch hier ein »aber«. Je mehr man sich einschränkt und je vorsichtiger man lebt, um so empfindlicher wird man.

Von den Getränken sind die alkoholhaltigen gewöhnlich nachtheilig. Freilich steigert auch hier die Enthaltsamkeit die Empfindlichkeit, da aber der Alkohol überhaupt keinen Vortheil bringt, kann man mit Recht die dauernde und vollständige Enthaltung empfehlen. Nur diejenigen, die die gesellschaftliche Tyrannei, der widerliche Unsinn der Trinksitten in die Nothlage bringt, entweder ihre Gesundheit zu schädigen, oder bei ihren Vorgesetzten anzustossen, die Neigung ihrer Standesgenossen zu verlieren u. s. w., sind zu bedauern.

Kaffee schadet nichts, er pflegt im Anfalle sogar wohlthätig zu sein. Doch ist es selbstverständlich, dass jedes Uebermaass von Kaffee oder Thee, das der Gesundheit überhaupt nachtheilig ist, auch die Migräne befördert. Das gilt natürlich auch vom Tabakrauchen, Cohabitiren, Onaniren u. s. w.

Zuweilen gelingt es, durch eine Aenderung des Wohnortes, eine allen Mitteln sonst widerstehende Migräne zu beeinflussen. Die Kranken sind dann ganz entzückt, und erklären, ihre Migräne sei verschwunden. Mit der früher oder später eintretenden Gewöhnung pflegen freilich die Anfälle sich wieder zu zeigen. Dass ein vier- oder sechswöchiger Aufenthalt an der See, im Gebirge, in einem Badeorte grossen Erfolg habe, glaube ich nicht. Die Anfälle setzen wohl aus, aber mit der Rückkehr in die alten Verhältnisse ist wieder Alles wie vorher. Anders verhält es sich natürlich, wenn das Niveau der Gesundheit gesunken war und deshalb die Migräne verschlimmert war. Dann kräftigt der Curaufenthalt den Menschen im Ganzen und wirkt so indirect auch auf die Migräne.

Sehr wichtig ist die Regelung des inneren Lebens. Das Maass der geistigen Arbeit kann der Eine sich selbst zutheilen und er muss es dann mit Rücksicht auf seinen Zustand thun. Der Andere muss sich in seine Verhältnisse fügen, aber auch dann kommt viel darauf an, wie er arbeitet. Jede Hast schadet. Ein Quantum Arbeit, das auf einmal nicht ohne Nachtheil bewältigt werden kann, ist unschädlich, wenn man Pausen, die durch Essen, Gehen oder dergleichen ausgefüllt werden, einschiebt. In Beziehung auf Gemüthsbewegungen sind die Meisten recht unfrei. Immerhin kann der Mensch lernen, den Anlässen aus dem Wege zu gehen und bei gegebenem Anlasse sich zu beherrschen. In neun von zehn Fällen schadet der Aerger mehr als die Sache, über die man sich ärgert. Je öfter man sich vorhält, dass der eigene Vortheil somit durch den Aerger geschädigt wird, umso eher lernt man die Aufwallung im ersten Anfange unterdrücken. Manche helfen sich mit kleinen Mittelchen: einen Schluck Wasser in den Mund nehmen und bis 50 zählen, ehe man schluckt u. s. f.

Aus der Aufzählung der Gelegenheitursachen ergibt sich übrigens von selbst, was der Migränekranke zu vermeiden hat. Ich erinnere noch besonders an den Aufenthalt in Räumen mit verdorbener Luft (jede Luft, in der Gasflammen brennen, ist schädlich!), an die Ueberreizung durch Concerte, durch Gesellschaften, an den Einfluss der Blendung.

Im Allgemeinen hat der Migränekranke den Gelegenheitsursachen gegenüber zwei Methoden. Das einfachste ist, wenn er alle vermeidet. Aber dabei steigt seine Empfindlichkeit. Andererseits verlieren die Gelegenheitsursachen umsomehr an Kraft, je höher das Niveau der Gesundheit steigt. Dieses Steigen in erster Linie zu erstreben, ist also am rationellsten. Wie es zu machen ist, braucht hier nicht gesagt zu werden. Schade nur, dass der gute Wille des Kranken und des Arztes sich oft an der Macht der Verhältnisse bricht.

Ich komme nun zu der Behandlung mit Medicamenten. Sind die Anfälle leicht und selten, so kann man von ihr absehen, in allen schwereren Fällen aber ist aus den bei der Prognose erwähnten Gründen der Spruch des Jesus Sirach (38, 4) am Platze: »Der Herr lässt die Arznei aus der Erde wachsen und ein Vernünftiger verachtet sie nicht.« Freilich kommt von den Arzneien, die direct aus der Erde wachsen, keine bei Migräne mehr recht in Betracht. Vielmehr sind besonders zwei Gruppen von chemischen Präparaten zu empfehlen: Die Bromsalze einerseits, die neueren »Nervina« (Natron salicylicum, Antipyrin, Acetanilid, Phenacetin u. s. w.[1]) andererseits. Die Brombehandlung ist wohl zuerst von Liveing gebraucht, dann von Charcot nachdrücklich gegen die Augenmigräne empfohlen worden. Man gibt Bromkalium in steigenden Dosen, etwa erst 3 g täglich einige Wochen lang, dann 4 dann 5, dann 6 g und ebenso steigt man mit der Dosis allmählich wieder herab. Die Loslösung der Augenmigräne von der Migräne überhaupt ist auch hier nicht berechtigt: in allen Fällen schwerer Migräne (bei deren Mehrzahl allerdings die Aura vorhanden ist) ist das Bromkalium angezeigt und hat sehr gute Erfolge. Leider verhindern die Nebenwirkungen des Broms oft den von Charcot vorgeschlagenen Modus. Man kann zwar die Bromakne einigermaassen mit Arsenik bekämpfen, sobald aber Müdigkeit und geistige Schlaffheit ein-

---

[1]) Hier folgt ein Verzeichniss der neueren in Betracht kommenden Mittel: Aethoxycoffein, Agathinum (Salicylaldehyd-Methylphenylhydrazon), Analgen (Ortho-äthoxyanamonobenzoylamidochinolin), Antifebrin (Acetanilid), Antinervin (Gemisch von Antifebrin, Ammoniumchlorid und Salicylsäure), Antipyrin (Phenyldimethylpyrazolon), Antisepsin (Monobromacetanilid), Antispasmin (Narceinnatrium-Natriumsalicylat), Benzanilid, Betol (Naphthol-Salol), Bromopyrin (Gemisch von Antipyrin, Coffein, Natriumbromid), Dithion (Natronsalz der Dithionsalicylsäure), Euphorine (Phenylurethan), Exalgin (Methylacetanilid), Formanilid, Malakin (Phenetidinsalicylaldehyd), Methacetinum, Neurodinum (Acetylirtes Paraoxyphenylurethan), Phenacetin, Phenocollum hydrochloricum, Phenosalyl (Mischung aus Phenol, Salicylsäure, Milchsäure und Menthol), Pyrodin (Acetophenylhydrazin), Salantol, Salicylamid, Salocollum (Phenocollum salicyl.), Salol (Salicylsäure-Phenyläther), Salophen (Acetparamidosalol), Tolypyrin (Tolyldimethylpyrazolon), Tolysalyl (salicylsaures Tolypyrin). — Ars est multiplex.

treten, muss man doch mit der Bromgabe zurückgehen. Auf jeden Fall möchte ich nicht zu einem gewaltsamen Vorgehen rathen. Ich habe immer den Eindruck gehabt, dass die, die das Brom wirklich brauchen, es gewöhnlich gut vertragen, und dass die, bei denen frühzeitig Nebenwirkungen eintreten, auch weniger Vortheil von der Behandlung haben. Oft habe ich es vorgezogen, eine kleine Menge (Kal. brom. 2·0 oder 3·0, Abends in Sodawasser zu nehmen) recht lange fortnehmen zu lassen, als in Charcot's Weise vorzugehen. Je nach den Umständen lasse ich das Mittel 6 Monate, 1 Jahr oder noch länger nehmen. Zuweilen tritt schon nach einigen Monaten eine wesentliche Besserung ein, dann lasse ich das Mittel wohl versuchsweise aussetzen, rathe aber den Weibern, es während der Regel auf jeden Fall zu nehmen.

Bei der vulgären Migräne schlägt das Bromkalium oft weniger gut an, als bei den schweren Formen. Hier verwende ich gewöhnlich salicylsaures Natron, derart, dass ich Abends 1 g in Kaffee nehmen lasse. Das Mittel macht (abgesehen von einzelnen Personen, die aus mir unbekannten Ursachen eine Art von Idiosynkrasie haben) gar keine Störungen und kann wahrscheinlich durch unbegrenzte Zeit gegeben werden. In der Regel bleiben dabei, wenn eine vernünftige Lebensweise eingehalten wird, die Anfälle aus. Leider scheint mit der Zeit auch hier Gewöhnung einzutreten. Manche Kranke haben Vorläufererscheinungen am Tage vor dem Anfalle, dann genügt es oft, an diesem Abende 1—2 g Natr. salicyl. nehmen zu lassen. Andere können sich dadurch durchhelfen, dass sie dann, wenn sie sich einer der bei ihnen wirksamen Gelegenheitursachen ausgesetzt haben, Abends prophylaktisch Natr. salicyl. nehmen. Immer aber kommt es darauf an, dass das Mittel am Abende vor dem zu erwartenden Anfalle genommen werde. Ist dieser einmal da, so hilft es in der Regel nichts, höchstens ganz früh, unmittelbar nach dem Erwachen. Die anderen Mittel (Antipyrin. 1·0, Acetanilid 0·5—1·0, Phenacetin. 0·5) wirken bei gleicher Anwendung ganz ähnlich wie das salicylsaure Natron. Der eine hat für dieses, der andere für jenes Vorliebe. Es ist rathsam, wenn eine längere Behandlung nöthig ist, zu wechseln, etwa Antifebrinperioden mit Salicylperioden wechseln zu lassen u. s. f.

Ueber andere Mittel als die bisher genannten habe ich wenig Erfahrung. Manche, z. B. Gowers, empfehlen Nitroglycerin. Man soll mit kleinen Dosen anfangen (0·0002—0·0004) und sie zwei bis dreimal täglich nach dem Essen nehmen lassen. Nach Gowers ist das Nitroglycerin besonders in den Fällen von Migräne, bei denen das Gesicht blass wird, nützlich. Ich habe es nur ein paar Mal probirt und es schien mir weniger zu leisten als die anderen Mittel. Auch über das Aconitin habe ich bei Migräne keine Erfahrungen. Da ich nicht gern mit stark wirkenden Medicamenten, bei denen ein kleines Versehen von unberechenbaren Folgen sein kann, zu thun habe, bleibe ich bei den bewährten, harmlosen Mitteln. Das Cytisin, das Kraepelin empfohlen hat, habe ich nicht versucht. Er spritzte drei bis fünf Milligramm im Beginne des Anfalles unter die Haut. Bei »paralytischer Migräne« half es, bei »spastischer Migräne« schadete es. Es ist mir nicht bekannt, ob Andere gleiche Erfahrungen gemacht haben. Begreiflicherweise sind die gegen Migräne empfohlenen Mittel Legion. Doch dürfte es sich kaum empfehlen, auf das endlose Geschäft, über diese Empfehlungen zu berichten, einzugehen. Bei vielen Autoren zeigt sich der Mangel an Sachverständniss schon dadurch, dass sie immerfort von der Behandlung im Anfalle reden, die allein wichtige Aufgabe, den Anfall zu verhüten, ganz bei Seite lassen.

Ausser der Arzneibehandlung spielen die sogenannten physikalischen Mittel, Wasserbehandlung, Massage, Elektrotherapie, bei der Migräne eine Rolle. Dass die Hydrotherapie gute Erfolge habe, kann man nicht bestreiten. Der eine rühmt das kühle Sitzbad, der andere Halbbäder, ein dritter anderes. Immerhin dürfte es sich hier nicht um eine directe Einwirkung handeln, sondern um eine Kräftigung des Organismus im Ganzen, die ihn widerstandsfähiger gegen die Gelegenheitursachen macht, beziehungsweise um eine Hebung des vorübergehend gesunkenen Niveaus der Gesundheit. Auch kann da, wo Magen-Darmstörungen, besonders die Verstopfung, die Migräne fördern, eine geeignete Wasserbehandlung indirect von grossem Nutzen sein. Ueber die Massage ist schwer zu reden. Hört man ihre Lobredner, die besonders im Norden zu Hause sind, so wundert man sich darüber, dass es überhaupt noch Migräne gibt. Leider scheinen alle »geheilten« Kranken später wieder Anfälle zu bekommen. Die allgemeine Massage, beziehungsweise die Gymnastik kann ja zweifellos indirecten Nutzen bringen, was aber das Bearbeiten des Kopfes nützen soll, das bleibt wenigstens für den dunkel, der nicht an die Knoten und Knötchen der Masseure glaubt. Es scheint, dass doch ein recht grosser Theil der vorübergehenden Massageerfolge der Suggestion zuzuschreiben sei. Als Suggestionswirkung sind wohl auch die Erfolge der Elektrotherapeuten aufzufassen. Wenn man alles das zusammenstellen wollte, was über die Wirkung der Elektricität bei Migräne geschrieben worden ist, es gäbe ein Buch für sich. In der Sympathicuszeit wurde die Migräne durch »Galvanisation des Sympathicus« geheilt, die Faradisation und die Galvanisation des Kopfes, die allgemeine Faradisation, das elektrische Bad, die statische Douche und manches andere noch, alles leistete dasselbe. Diese Elektrotherapeuten hatten mit dem einen Verfahren glänzende Erfolge, während die anderen Methoden nichts halfen, oder gar schadeten. Jene theilten die Migränekranken in Classen: bei der einen Classe half die Faradisation, bei der anderen die Galvanisation; die »spastische Migräne« musste natürlich anders behandelt werden, als die »paralytische Migräne«;

gegen die eine diente den Gläubigen der eine Pol, gegen die andere der andere Pol u. s. f. Kurz, es ist ein wehmüthiger Anblick, die Schaar der Methoden zu mustern. Beiläufig gesagt, ich habe während und ausserhalb des Anfalles die meisten der »Methoden« an mir versucht und ich habe niemals auch nur eine Spur von Einwirkung wahrgenommen. Nun lassen sich aber die thatsächlichen Erfolge der Elektrotherapie nicht aus der Welt schaffen, ich habe selbst welche erlebt und habe in den ersten Jahren meiner Thätigkeit auch geglaubt, ich hätte Migränekranke geheilt. Es bleibt kein anderer Ausweg, hier wie bei den Wundern der Massage handelt es sich um Suggestion. Ich habe schon gelegentlich darauf hingewiesen, dass bei leichteren Migräneanfällen psychische Einflüsse von grosser Bedeutung sind. Es ist also verständlich, dass bei einem solchen Anfalle die elektrischen Manipulationen, besonders wenn sie von einer geeigneten Persönlichkeit ausgeführt werden, »sofortiges Wohlbehagen« bringen können. Doch reicht diese Erklärung für die Fälle nicht aus, in denen Patienten durch elektrische Behandlung von häufigen Anfällen für längere oder kürzere Zeit befreit worden sind. Nun wirken zweifellos bei suggestibeln Personen die Anfälle selbst suggestiv, in dem Sinne, dass die Furcht vor dem Anfalle Scheinanfälle, d. h. suggerirte (hysterische) Nachahmungen des Anfalles hervorrufen kann. Darum handelt es sich wahrscheinlich, wenn Patienten, besonders unbeschäftigte Weiber, ohne durch Ueberanstrengung oder durch Krankheit geschädigt zu sein, häufige Anfälle bekommen, oder wenn die Anfälle, obwohl die Senkung des Gesundheitsniveaus, die sie häufig gemacht hatte, längst ausgeglichen ist, doch häufig bleiben. Die hysterischen Migräneanfälle, deren Unterscheidung von echten Anfällen, wie oben auseinandergesetzt wurde, sehr schwierig sein kann, mögen durch die elektrische Behandlung, durch Massage, durch hypnotische oder einfache Wortsuggestion, durch homöopathische, durch sympathische Curen u. s. w. beseitigt werden. Jeder Arzt, besonders jeder Elektrotherapeut wird es erlebt haben, dass in manchen Migränefällen eine Behandlung ganz überraschende Erfolge hat, die in der Mehrzahl der Fälle ganz wirkungslos bleibt. Gowers sagt, die Elektricität leiste selten etwas und fügt wunderlicher Weise hinzu, die Faradisation schade immer, die Galvanisation des Kopfes gebe vorübergehende Erleichterung. Thatsächlich leistet die hypnotische Suggestion dasselbe wie, ja mehr noch als die Elektrotherapie, die Massage und andere Verfahren, die in der Hauptsache durch indirecte Suggestion wirken.

Von grosser Bedeutung ist natürlich die Behandlung der krankhaften Zustände, die erfahrungsgemäss einen migränefördernden Einfluss haben können. Magenkrankheiten, einfache Verstopfung, Eingeweidewürmer, Krankheiten der Geschlechtsorgane, Augen- und Ohrenkrankheiten, besonders aber Nasenkrankheiten sind hier zu nennen. Je nach der Mode ist der Werth dieser oder jener von solchen Hilfsbehandlungen überschätzt

worden. Die Behandlung der sogenannten Frauenkrankheiten sollte früher alle
Krankheiten der Weiber heilen. Diese mephistophelische Auffassung ist jetzt
zurückgetreten, immerhin wird noch mehr behandelt, als gut ist. Mir scheint,
dass Veränderungen des Uterus u. s. w., sofern sie nicht die Gesundheit
im Allgemeinen schädigen, recht selten Einfluss auf die Migräne haben.
Ist aber doch ein solcher Einfluss da, so wird er wohl häufiger indirect
sein als direct, d. h. die Sorgen und die Gemüthsbewegungen überhaupt,
die den Patientinnen aus ihrem Unterleibsleiden erwachsen, werden schaden,
nicht der räthselhafte, früher beliebte »reflectorische Einfluss«. Die neueste
Mode ist die Heilung der Migräne durch Correctur der Refractionsfehler,
sie scheint (wie früher bemerkt wurde) in Amerika da und dort epidemie-
artig zu herrschen. Am wichtigsten scheinen doch die Erkrankungen der
Schleimhaut, der Nase und ihrer Nebenhöhlen zu sein. Zwar ist auch das
Nasenbrennen schrecklich übertrieben worden und manche Patienten gedenken
noch betrübt der Zeit, als auch die unschuldigste Nase nicht sicher war. Aber
es ist unleugbar, dass hie und da eine zweckmässige Behandlung wirklich
vorhandener Nasenkrankheiten bei Migräne guten Erfolg hat. Darauf ist wohl
auch der Nutzen des Jodkalium, von dem Liveing u. A. sprechen, zu beziehen.

Schliesslich ist die Behandlung des Anfalles selbst zu besprechen.
Was ihn im Allgemeinen verschlimmert und was ihn erleichtert, ist früher
(vgl. p. 34) gesagt worden, ich brauche daher nicht darauf zurückzukommen. Soll man im Anfalle Medicamente geben? In der Regel ist es
nicht rathsam, denn die vorher wirksamen Mittel sind, sobald der Anfall
da ist, ziemlich erfolglos. Salicylsaures Natron, Antipyrin u. s. w. bewirken
gewöhnlich nur eine rasch vorübergehende Erleichterung. Nur dann, wenn
man zu einem bestimmten Zwecke, etwa für eine nicht zu lange dauernde
Arbeit sich fähig machen will, sind die Medicamente rathsam. Man muss
dann aber ziemlich viel nehmen. Ich habe mir gelegentlich 2·0 Antipyrin
unter die Haut gespritzt oder 1·5 Antifebrin genommen. Es tritt etwas
Schwindel ein, aber der Kopf wird eine Zeit lang leichter. Gowers ist der
Meinung, eine tüchtige Dosis Bromkalium bringt am meisten Erleichterung.
Nun ist es gewöhnlich so, entweder man kann ruhig liegen, dann braucht
man nichts weiter, oder man will bei leichteren Anfällen thätig sein, dann
stört die Bromwirkung. Ueberdem verhindert bei schweren Anfällen die
Nausea oft jedes Einnehmen. Grossen Ansehens erfreut sich das Coffein,
das man bald rein, bald mit Citronensäure als Coff. citr., bald maskirt
als Guarana gibt. Es erleichtert, wenn der Anfall nicht schlimm ist, in
der That. Nur gehe ich dann lieber als in die Apotheke ins Kaffeehaus
und trinke eine Tasse guten Kaffees. Das Reiben der Stirn mit kölnischem
Wasser, mit Menthol, das Legen von Senfpapier auf Nacken oder Brust
und Aehnliches thut vorübergehend ganz gut, aber die meisten Kranken
werden mit der Zeit solcher Mittelchen überdrüssig. Das einzige, was sicher

hilft, ist eine Morphiuminjection. Man darf zu ihr aber nur dann rathen, wenn
der Schmerz unerträglich ist, denn gerade bei Migränekranken ist wegen
der sicheren Wiederkehr der Anfälle einerseits, der Nervosität des Kranken
andererseits, die Gefahr der Morphiumgewöhnung besonders gross. Immerhin halte ich es für falsch, dem Arzte die Anwendung des Morphium
bei Migräne ein für allemale zu widerrathen. Es gibt Fälle, in denen es
unmenschlich wäre, das Morphium zu versagen und in denen die Grösse
des Schmerzes wahrscheinlich geradezu eine Gefahr bedeutet. Solche Anfälle kommen aber nicht oft vor und bilden gewöhnlich auch bei dem
Patienten, der sie hat, die Ausnahme. Auch ist nicht jeder Mensch zur
Morphiumsucht disponirt. Ich habe mir aus verschiedenen Gründen
ziemlich oft Einspritzungen gemacht, bin aber froh, wenn es nicht nöthig
ist, und habe, wenn der Schmerz mich nicht treibt, nie das geringste
Verlangen nach Morphium. So ist es bei Vielen und die bei einer grossen
Zahl der Aerzte jetzt herrschende Morphiumfurcht ist übertrieben. Dass
in den Anfällen mit Magensäure-Entwicklung Alkalien, besonders alkalische
Wässer angezeigt sind, das versteht sich eigentlich von selbst. Auch gibt
es Kranke, denen überhaupt reichliches Trinken, sei es gewöhnlichen
Wassers, sei es warmen Thees, wohl thut. Die flüssigen Mengen wirken
vielleicht manchmal als Brechmittel. Doch nutzt das Erbrechen wenig,
wenn nicht das Ende des Anfalles nahe ist. Nur Einzelne streben von
vornherein nach dem Erbrechen. Es gibt da individuelle Variationen und
es ist am besten, wenn der Kranke selbst erprobt, womit er gut fährt.
Die Anwendung der Kälte an den heissen Kopf ist recht wohlthätig. Aber
solange man thätig ist, kann man nicht mit dem Eisbeutel herumlaufen;
liegt man aber, so kann man oft alles andere entbehren, oder man hat
von dem Wechseln der Umschläge u. s. w. mehr Verdruss als Vortheil
von der Kälte. Auch hier kann man es Jedem überlassen, ob er sich den
Kopf kühlen will, oder, wenn dieser kalt ist, mit warmen Tüchern um-
wickeln will, ob er sich Hände und Füsse erwärmen will u. s. f. Auch
Massage des Kopfes während des Anfalles ist empfohlen worden. Sie thut
wirklich wohl, aber ihre Wirkung ist ganz vorübergehend. Das gilt auch von
der Compression der Carotis, auf die Parry und Möllendorf wohl mehr
vom theoretischen als vom praktischen Gesichtspunkte aus Gewicht gelegt
haben. Was oben von der elektrischen, der suggestiven Behandlung überhaupt gesagt wurde, gilt natürlich ebenfalls, wenn es sich um die Behandlung
des Anfalles handelt.

Viele Mittel und Methoden habe ich nicht erwähnt, von der Valeriana
an bis zur Arteriotomie. Es wird wohl nicht viele »therapeutische Errungen-
schaften« geben, die bei der Migräne nicht angewendet worden wären.
Liveing, Thomas u. A. geben einen Ueberblick über die ältere Therapie.
Man sieht dabei, dass die Therapie die Schattenseite der Medicin ist.

VII. Theoretisches.

Ueberall liest man, die Migräne sei eine »Neurose«. Was ist das? Man pflegt zu antworten: eine Nervenkrankheit, bei der keine groben Veränderungen des Nervensystems vorhanden sind. In diesem Sinne ist die Bezeichnung richtig und sagt wenig. Es hat aber der Ausdruck noch einen anderen Sinn. Man stellt vielfach die Neurosen oder »functionellen Nervenkrankheiten« den organischen Erkrankungen gegenüber. Zu den Neurosen rechnet man die Hysterie und nimmt stillschweigend an, die Symptome der Hysterie und die der anderen Neurosen seien gleicher Art. De jure hat der Gegensatz: functionell-organisch, nur dann einen Sinn, wenn man functionell und hysterisch oder, allgemeiner gesprochen, durch Vorstellungen verursacht identificirt, de facto aber knüpft man durch den Namen Neurosen (oder functionelle Nervenkrankheiten) hysterisch oder psychisch vermittelte Erkrankungen und organische Erkrankungen ohne nachweisbare Läsion zusammen und stellt sie den Erkrankungen mit nachweisbarer Läsion gegenüber, eine durchaus schiefe unklare Auffassung, die die Ursache zahlreicher Verkehrtheiten ist. Deshalb verwerfe ich den Ausdruck Neurose und will bei jeder Gelegenheit wiederholen: ceterum censeo, nomen neuroseos esse delendum. Ob wir eine Krankheit zu denen mit anatomischem Befunde zu zählen haben, das hängt vielfach nur von den Methoden der Untersuchung ab, wie denn durch die Fortschritte der Histologie die Befunde immer vermehrt werden. Auch ist es wohl denkbar, dass durch organische Einwirkungen die Function aufgehoben werde, ohne dass Veränderungen, die für irgend eine unserer Prüfungen nachweisbar wären, entstünden. - Man kann wohl von feinen und groben (i. e. nachweisbaren) Läsionen reden, man darf aber nicht jene functionell, diese organisch heissen, da beide stetig in einander übergehen. Den Gegensatz zwischen psychisch vermittelten und organischen Störungen kann man kurz so fassen, dass dort die Function geändert wird durch Vorgänge, die für uns nur von innen her oder psychologisch verständlich sind, dass hier die Ursachen der Functionstörung in den Zusammenhang des mechanischen Geschehens hineinversetzt werden. Die Freunde der Naturerkenntniss, die mit psychologischen und erkenntnisstheoretischen Fragen weniger vertraut sind, pflegen bei Erörterungen. wie diese eine ist. »Dualismus«, »Spiritualismus« und andere schreckliche Sachen zu wittern. Um Missverständnissen zu entgehen. hebe ich daher ausdrücklich hervor, dass ich dem »Monismus« anhänge, dass ich principiell jedes Geschehen für mechanisch denkbar halte, den Naturzusammenhang durchaus nicht zerreisse. Freilich halte ich auch jeden Mechanismus nur für einen von aussen gesehenen Seelenvorgang. Mit anderen Worten. ich halte Psychisches und Physisches nicht für verschiedene Dinge. sondern für Erscheinungsformen desselben Dinges, deren Unterschied nur vom Standpunkte abhängt. Auch bin ich der Ueberzeugung, dass die Medicin nicht wie die Physik das Eingehen auf die Erkenntnisslehre und die Anschauungen vom Verhältnisse des Seelischen zum Materiellen ablehnen dürfe, da sie fortwährend gezwungen ist. vom einen Gebiete in das andere überzugehen, dass nothwendig der psychophysische Parallelismus die Grundlage medicinischen Denkens werden müsse, wenn anders wir aus der Unklarheit herauskommen wollen. Es ist also von meinem Standpunkte aus ganz selbstverständlich. dass auch den psychischen Vorgängen und den durch sie verursachten Functionstörungen Veränderungen mechanischer Art entsprechen, aber diese sind für uns nicht fassbar. Wir wissen nur, dass im Gehirne etwas vor sich geht. und wenn wir den psychologischen Schlüssel nicht hätten, sähen wir die Dinge an. wie die Kuh das neue Thor. Weil trotz des theoretisch angenommenen durchgehenden Parallelismus die meisten Gebiete uns nur von aussen, nur für die mechanisch-naturwissenschaftliche Auffassung zugänglich sind, einige wenige nur von innen. nur für die psychologische Auffassung, deshalb können wir die übliche. scheinbar dualistische Ausdrucksweise nicht entbehren.

Während bei psychisch vermittelten Störungen vorläufig wenigstens von einer Localisation keine Rede sein kann. haben wir für feinere wie für grobe organische Erkrankungen einen Ort der Läsion zu suchen.

Auch bei der Migräne müssen wir eine anatomische Veränderung an einem bestimmten Orte annehmen. Man sagt gewöhnlich, Gowers z. B. thut es. anatomische Veränderungen seien bei Migräne nicht zu finden. Man hat sie aber auch noch nicht ernstlich gesucht. Dass sie leichter Art sein müssen, ergibt sich aus den klinischen Erfahrungen: ob sie sich aber dem Nachweise ganz entziehen. das lässt sich nicht sagen. Die Schwierigkeit liegt darin. dass man nicht weiss. wo man suchen soll. und niemand zumuthen kann. ein ganzes Gehirn mikroskopisch zu durchsuchen.

Wir sind auf Vermuthungen. sogenannte Theorien, angewiesen. denn auch der Weg des Experimentes ist bei einer Erkrankung. die in der Hauptsache nur subjective Symptome hat, nicht wohl gangbar. Allzusehr brauchen wir das Fehlen der Versuche nicht zu beklagen, denn diese haben im Grunde bei der Verwandten der Migräne, der Epilepsie, mehr

Verwirrung angerichtet, als Klarheit gebracht. Hätten die Aerzte sich mehr in die klinische Untersuchung vertieft, als sich auf vieldeutige Thierversuche verlassen, so würden wir den heutigen Standpunkt früher erreicht haben. Bei der Epilepsie weisen die klinischen Erscheinungen einmüthig auf die Grosshirnrinde als Ort der Läsion hin. Bei der Migräne sind wir nicht in so günstiger Lage, aber auch bei ihr scheinen mir die Gründe, die für eine primäre Veränderung der Grosshirnrinde sprechen, vorzuwiegen.

Dass das Gehirn überhaupt locus morbi sei, dürfte heute nicht mehr ernstlich bezweifelt werden. Denn auch die Freunde der Gefässnerven und die des grossen Sympathicus müssen sich sagen, dass die Innervation der Gefässe und die Erregung der sympathischen Fasern des Kopfes von Veränderungen gewisser Gehirnzellen abhängen. Ein Physiolog freilich fasst irgend einen peripherischen Nerven und sagt dann, die und die Symptome hängen von der Reizung oder Zerstörung dieses Nerven ab. Im intacten Organismus aber kommen primäre Erregungen der Fasern, d. h. der Zellenfortsätze nicht vor, sondern das Primäre ist immer die Veränderung der Ganglienzelle. Bei einer endogenen Krankheit müssen selbstverständlich die Ganglienzellen Träger der ererbten Veränderung sein und ich wüsste gar nicht, welche Zellen ausser denen des Gehirns bei der Migräne in Betracht kommen sollten. Meines Erachtens kann man nur zwischen den Rindenzellen und den Kernzellen schwanken, denn wollte man etwa, wie Liveing es thut, auf den Thalamus opticus oder irgend ein zellenhaltiges Gehirnstück unbekannter Function rathen, so hiesse das doch, ins Blaue hinein schiessen.

Es fragt sich nun, welche Deutungen können wir den Symptomen der Migräne entnehmen? Es liegt auf der Hand, dass die Aura mit aller Bestimmtheit auf die Gehirnrinde hinweist. Die sensorische Aura und die aphatische Aura gleichen vollständig der entsprechenden Aura bei partieller Epilepsie und die Annahme, dass in dem einen Falle der Ort der Veränderung ein anderer wäre als in dem anderen, liesse sich in keiner Weise vertheidigen. Weniger klar ist die Sache bei der visuellen Aura, aber es ist sicher, dass eine Reizung der Rinde des Hinterhauptlappens ihre ausreichende und einfachste Erklärung ist, dass die Analogie mit der sensorischen und aphatischen Aura uns zwingt, auch die visuelle Aura von der Reizung der corticalen »Sehsphäre« abzuleiten. Folgt auf die corticale Aura ein halbseitiger Krampf, so würden wir auch dann, wenn wir keine Sectionsbefunde besässen, diesen Krampf auf Reizung der motorischen Rindenzellen beziehen. Folgt auf die corticale Aura halbseitiger Schmerz, sollen wir da nicht auch zuerst an sensorische Rindenzellen denken?

Hier beginnen aber die Schwierigkeiten. Wir wissen zunächst über die fraglichen Rindenbestandtheile recht wenig. Der Schmerz ist ein

Vorgang im Bewusstsein. Ist die Annahme richtig, dass das Bewusstsein an die Hirnrinde geknüpft sei (man kann sie auch bestreiten), so müssen der Schmerzempfindung Vorgänge in gewissen Bestandtheilen der Hirnrinde entsprechen. Der gewöhnliche Vorgang ist so, dass bei jeder Empfindung neben der Empfindung im engeren Sinne eine Reaction des Bewusstseins als Lust oder Unlust vorhanden ist. Erreicht der Reiz eine gewisse Grösse, so wird das Unlustgefühl zum Schmerze und die eigentliche Empfindung, die Grundlage der Wahrnehmung, wird mehr oder weniger vernachlässigt; ihr Rest bestimmt den Ort und die Art des Schmerzes. Der Schmerz kann fehlen, wenn das Gehirn durch gewisse Leitungshindernisse (etwa Läsion der Hinterhörner) nur über die Art, nicht über die Intensität des Reizes Nachricht erhält, oder wenn durch centrale Veränderungen (etwa durch Wirkung eines Narcoticum) die Reaction des Bewusstseins verändert ist. Er kann eintreten, obwohl kein überstarker Reiz einwirkt, bei bestimmten Seelenzuständen (suggerirter Schmerz), und vermuthlich auch bei organischen Veränderungen der Hirnrindenbestandtheile, die wir bei der physiologischen Schmerzempfindung uns als thätig vorstellen müssen. Der Schmerz ohne peripherischen Reiz, d. h. die Schmerzhallucination, kann ebensowenig wie der physiologische ein reiner Schmerz sein, er muss Wahrnehmungsbestandtheile mit sich führen, einen Ort und eine Art (etwa bohrend) haben. Der sozusagen physiologische Kopfschmerz entsteht wahrscheinlich durch starke Reizung der Dura, beziehungsweise durch Reizung der Fasern der R. recurrentes N. trig. in ihrem extra- oder intracerebralen Verlaufe. Sein Ort aber, d. h. die Stelle, wo die der Schmerzempfindung parallelen materiellen Vorgänge ablaufen, muss, so gut wie bei Gliederschmerzen, eine Stelle der Hirnrinde sein. Es ist ersichtlich, dass eine primäre Veränderung dieser Stelle einen dem physiologischen Kopfschmerze gleichen Schmerz bewirken wird, ohne dass doch die Dura gereizt wurde. Auch kann man thatsächlich Kopfschmerz suggeriren und dann muss auch ein corticaler Vorgang stattfinden.[1]) Wie die Begleiterscheinungen des Schmerzes: Gefässverengerung, Gefässerweiterung, Schwellung u. s. w., an der Stelle des Reizes zu Stande kommen, wissen wir nicht, wir sagen, wie immer in solchen Fällen, reflectorisch. Auf jeden Fall hindert uns nichts, anzunehmen, dass der supponirte Reflex nicht nur bei dem von aussen erregten Schmerze, sondern auch bei der Schmerzhallucination eintreten könne, und wir beobachten wirklich, dass die Begleiterscheinungen auch hysterische Schmerzen begleiten können. Man könnte sich die Sache auch so vorstellen, dass beim corticalen Schmerze ein rückläufiger Erregungsvorgang stattfinde, d. h. dass dabei auf den Bahnen, die gewöhnlich von der

---

[1]) Auf die Frage, ob grobe Gehirnläsionen, die weder die Dura noch die Wurzelfasern des Trigeminus, sondern nur die Rinde oder die von ihr zu den Kernen ziehenden Fasern treffen, Schmerzen machen, kann und will ich an dieser Stelle nicht eingehen.

Peripherie zum Centrum leiten. etwas peripheriewärts laufe. und dass dann in der Peripherie dieselben Veränderungen eintreten. wie beim Schmerze durch Reize von Aussen. [1] Wenigstens wüsste ich nicht. weshalb die Sache unmöglich wäre. Nach alledem halte ich die Annahme, dass dem Migräneschmerze eine primäre Veränderung in der Gehirnrinde zu Grunde liege, von vorneherein für theoretisch zulässig.

Geht der Anstoss von der Grosshirnrinde aus. so muss man sich wohl vorstellen, dass je nach Art der Aura zuerst in den occipitalen oder in den parietalen Windungen ein Erregungsvorgang beginne. der in ähnlicher Weise wie beim epileptischen Anfalle sich ausbreitet. Dabei ergibt sich aber sofort. dass wir einen Einwurf gegen die corticale Natur des Migräneschmerzes übersehen haben. der sehr schwer wiegt. In der Regel oder wenigstens nicht selten nämlich ist der Kopfschmerz auf der einen Seite, die Aura auf der anderen. Breitete sich der Erregungsvorgang wie bei der Epilepsie aus. so müsste der Kopfschmerz auf der Seite der Aura sein, wie ja auch der Krampf und die Aura auf der gleichen Seite sind. Da nun über die corticale Natur der Aura kaum ein Zweifel bestehen kann, so müsste, wenn auch der Schmerz cortical wäre, der der Aura zu Grunde liegende Vorgang in der einen Hemisphäre sein. der des Kopfschmerzes in der anderen. Ein solches Ueberspringen aber ist kaum denkbar.

Ausser der »corticalen Theorie« des Schmerzes könnte auch eine »nucleare Theorie« in Betracht kommen. Dem Schmerze könnte doch eine Veränderung entsprechen, die primär in den Kernen oder dem Kerne der Rami recurrentes N. trigemini aufträte. Einer solchen Auffassung neigte ich früher zu und ich hatte mir gedacht, die Zellen neben dem Oculomotoriuskerne, von denen die Fasern der absteigenden Trigeminuswurzel ausgehen. könnten zu den Durafasern. beziehungsweise den sensorischen Augenfasern, gehören. Gestützt auf Gründe verschiedener Art, besonders auf Erfahrungen über secundäre Degeneration, hat man angenommen. die absteigende Trigeminuswurzel sei motorischer Art. Ich kann in diesen anatomischen Fragen kein Urtheil abgeben und muss die Sache dahingestellt sein lassen. Immerhin scheint es mir wahrscheinlich zu sein, dass die sensorischen Fasern des Auges aus ungefähr derselben Gegend stammen, in der die Fasern für die Augenmuskeln entspringen. Abgesehen von anderen Erwägungen bestärken mich in diesem Gedanken die Beobachtungen von periodischer Oculomotoriuslähmung. Hier leitet das Symptom Migräne die Augenmuskellähmung ein. sollten nicht die Stellen der Läsion

---

[1] Verhielte es sich so, dann könnte möglicherweise der corticale Schmerz nur zu Stande kommen. wenn die peripherischen Theile und ihre Verbindung mit der Rinde erhalten wären.

einander nahe liegen? Man wird mir einwenden, dass man den Oculomotorius an der Basis verändert gefunden habe, aber die Annahme, dass bei einem solchen Leiden die peripherische Faser zufällig da oder dort primär erkranke, leuchtet mir nicht ein, wie sie auch Charcot nicht eingeleuchtet hat. Dass die Kerne der sensorischen Augenfasern und der Durafasern bei einander liegen, möchte ich daraus unter Anderem schliessen, dass das Erbrechen sowohl Kopfschmerzen, als Augenschmerzen begleiten kann, während es sonst bei Trigeminusschmerzen fehlt, und dass bei allen Migräneformen der Kopfschmerz mit Augenschmerz verbunden ist. Entspräche nun dem Schmerze eine Reizung der für die Dura bestimmten Nervenfasern im Gehirn, so müsste man annehmen, dass von der Rinde aus, in der der Vorgang der Aura zu suchen ist, ein Weg zu den Nervenkernen der gleichen Hemisphäre führte. Da würde die Aura auf der anderen, der Schmerz auf derselben Seite sein, wie man es gewöhnlich findet. Aber die Vorstellung, dass die Erregung von der Rinde aus nicht wie sonst zu den Kernen der anderen Seite, sondern zu denen der gleichen Seite laufe, ist so wunderlich, dass man sich kaum mit ihr befreunden kann. Eher liesse sich denken, dass, wenn einmal nur eine Hemisphäre im Anfalle leidet, chemische Verwandtschaften es zu Wege bringen, dass nur bestimmte sensorische Theile, die sensoriellen Zellen der Rinde und die fraglichen Nervenkerne, geschädigt werden. Doch klingt das auch seltsam.

Schliesslich gibt es noch einen dritten Weg. Wohl alle stimmen darin überein, dass der Kopfschmerz überhaupt von Reizung der Durafasern abhänge. Wie denkt man sich nun die Sache bei der Migräne? Will man annehmen, dass primär die Dura Mater einer Seite betroffen werde? Dass etwa der Erregungsvorgang, der während der Aura in der Gehirnrinde abläuft, von da auf die Gehirnhäute überspringe? Möglich wäre ja so etwas, nur müsste man sich dann von der Migräne überhaupt eine andere Vorstellung machen. Man müsste annehmen, dass die Aura die eigentliche Migräne sei, und dass der ihr entsprechende corticale Vorgang eine so und so viele Stunden andauernde Hyperämie, Schwellung oder was sonst hervorrufe, an der die über der Stelle der Aura liegenden Gehirnhäute theilnehmen. Es wäre dann der der Aura folgende Kopfschmerz mit Erbrechen blos Wirkung der Aura. Da, wo die Aura klinisch fehlt, würde der entsprechende Vorgang an einer Rindenstelle verlaufen, von der keine Symptome ausgehen, etwa über dem Stirnhirn. Wenn wir, wie Viele meinen, besonders mit dem Stirnhirn denken, so könnte bei dem, der die Anlage zur Migräne hat, eben die geistige Arbeit den Migränevorgang in der Stirnhirnrinde hervorrufen und der Leidende würde durch Kopfschmerz und Erbrechen Nachricht davon erhalten, dass jener Vorgang die Gehirnhäute über seinem rechten oder seinem linken Stirnlappen gereizt hat.

Sollte hier Jemand bemerken: Paule, du rasest, so bitte ich zu bedenken, dass diese ganzen theoretischen Ausführungen nur Phantasien sind und dass es nichts schaden kann, wenn man zeigt, welche Erklärungen etwa möglich sind. Mit Bestimmtheit kann man nur sagen, dass die hemikranische Veränderung im Gehirn sitzen muss, dass die Vorgänge des Anfalles ihren Ausgang von der Gehirnrinde nehmen. Das über die Localisation des Schmerzes Gesagte fasse ich dahin zusammen, dass man mit weniger Wahrscheinlichkeit an gewisse Zellen der Hirnrinde oder an die Kernzellen der die Hirnhäute versorgenden Fasern, eher an eine secundäre Schädigung der Gehirnhäute selbst denken kann. Eine unüberwindliche Schwierigkeit entsteht dadurch, dass in manchen Fällen Aura und Schmerz gekreuzt, in manchen gleichseitig sind. Soll man annehmen, der modus procedendi sei hier anders als dort? Unmöglich. Aber wie soll man es anders erklären? Ich finde keine annehmbare Erklärung. Das Bequemste wäre, die eine Classe von Fällen auf Beobachtungsfehler zurückzuführen, aber das geht doch auch nicht an.

Im Bisherigen haben wir nur die Localisation der Vorgänge des Anfalles ins Auge gefasst. Dass bei Läsion einer bestimmten Gehirnstelle die Symptome des Migräneanfalles auftreten, geht aus dem Vorkommen der Migräne bei groben Gehirnkrankheiten hervor. Nun kommt es aber bei der Krankheit Migräne sehr oft vor, dass der Anfall bald rechts, bald links auftritt, dass also bald die eine, bald die andere Hemisphäre Ausgangspunkt ist. Soll man annehmen, dass von der hemikranischen Veränderung symmetrische Stellen beider Hemisphären betroffen werden und dass es von Nebenumständen abhängt, ob bald rechts, bald links ein Ausbruch erfolgt? Es scheint mir das das Wahrscheinlichste zu sein. Freilich ist es wunderbar, dass fast immer nur eine Seite antwortet, oft gewechselt wird, dass nicht, wenn die Bedingungen des Anfalles eintreten, beide Hemisphären antworten. Aber auch dann, wenn man darin eine Auskunft suchte, dass die primäre Veränderung gar nicht in den Hemisphären, sondern etwa in der Oblongata sitze, würde dieselbe Schwierigkeit wiederkehren. Man muss wohl daran denken, dass bei centralen Störungen überhaupt eine Tendenz zur Einseitigkeit besteht. Viele hysterische Symptome treten vorwiegend einseitig auf; die Hemianästhesie z. B., in der man gewöhnlich nicht ein suggerirtes Symptom, sondern eine pathologische Wirkung von Gemüthsbewegungen zu sehen hat, deutet entschieden auf eine Differenz zwischen der Function beider Hemisphären hin. Manches lässt sich wohl auf die physiologische Differenz beziehen, die in dem Vorwiegen der linken Hemisphäre beim Greifen und Sprechen besteht. Auch können wohl manche Gelegenheitursachen mehr eine Hemisphäre schädigen, z. B. geistige Anstrengung. Doch scheint dies nicht alles zu sein und es müssen noch besondere Umstände bestehen,

gemäss denen auf pathologische Reize hin bald die rechte, bald die linke
Hemisphäre antwortet. Es mag sich nun verhalten, wie es will, auf jeden
Fall ist die Einseitigkeit der Migräne nicht das kleinste Räthsel, das
diese merkwürdige Krankheit aufgibt. Die Verhältnisse liegen hier anders
als bei der sonst so analogen Epilepsie. Da, wo diese auf ererbter Anlage
beruht, ist sie fast nie einseitig, wenn sie es aber ist, wird immer dieselbe Seite zuerst befallen. Nur in ganz seltenen Fällen scheint es sich
so zu verhalten wie bei der Migräne, dass die Aura oder wohl gar der
ganze Anfall bald rechts, bald links sich zeigt. Umgekehrt sind die Fälle
von wirklich doppelseitiger Migräne eine ausserordentliche Seltenheit.
Sie kommen zweifellos vor, sowohl die sensorische als die visuelle Aura
kann zugleich auf beiden Seiten eintreten, so dass beide Hände einschlafen, das Scotom in totaler Blindheit besteht, aber in den meisten
Fällen, in denen die Kranken behaupten, beide Seiten seien gleichmässig
betroffen, ist es nur scheinbar, deutet die Aura oder sonst ein Symptom
des Anfalles (z. B. das Dickerwerden einer Arteria temporalis) darauf hin,
dass der Anfall wenigstens in einer Hemisphäre stärker ist als in der
anderen. Auch kommt die Beschränkung auf die rechte oder auf die
linke Seite durchaus nicht oft vor, sondern die Regel ist der Wechsel
zwischen beiden Seiten, wenn auch die eine häufiger als die andere
betroffen werden mag.

Wie kommt es nun, dass die hemikranische Veränderung sich
in Anfällen kundgibt? Liveing hat das Schlagwort nerve-storm
ausgegeben, im Anschlusse an den Ausdruck explosiv des Willis.
Man hat vielfach über die »Nervenstürme« (besser Nervengewitter)
die Achseln gezuckt, thatsächlich aber sagt das Wort aus, was
sich der unbefangenen Beobachtung aufdrängt und auch heute sind
wir nicht weiter gekommen. Wenn man den epileptischen Anfall als
Entladung von Spannkräften bezeichnet, so ist das auch nicht mehr als
nerve-storm. Ob man an die Ladung eines isolirten Körpers mit Elektricität
oder an die Ansammlung eines explosibeln Stoffes denkt, in beiden
Fällen handelt es sich um Bilder. Immerhin scheint mir das zweite Bild
zutreffender zu sein, da man doch annehmen muss, dass in Wirklichkeit
chemische Vorgänge im Gehirn die Hauptsache seien. Das Wesentliche
ist nur, dass man die hemikranische Veränderung sich nicht als eine
ruhende denken darf, sondern dass durch sie stetig die Bedingungen
des Anfalles geschafft werden. Je weiter diese Arbeit fortgeschritten ist,
ein um so geringerer Anstoss von aussen genügt zur Auslösung des
Anfalles. Ist der Anfall vorüber, so beginnt die Vorbereitung von Neuem.
Kehren wir zu dem Bilde von der Explosion zurück, so besteht die
Krankheit darin, dass in der Zeiteinheit eine gewisse Menge explosibeln
Stoffes gebildet wird. Durch die vis medicatrix naturae wird ein Theil

davon immer wieder bei Seite geschafft. Je schlechter die Gesundheit ist, umsomehr des Stoffes kann sich anhäufen und um so häufiger muss, sei es durch die gewöhnlichen Lebensreize, sei es durch ungewöhnlich starke Reize (die Gelegenheitursachen) eine Explosion eintreten, bei der ein Theil des Stoffes zerstört wird. Alles dies schliessen wir aus der Neigung der Anfälle zur Periodicität und aus dem wechselnden Verhalten des Organismus gegen die Gelegenheitursachen. Ob wir je dazu kommen werden, eine directe Einsicht in die chemischen Vorgänge zu erlangen, das muss die Zukunft lehren. Vorläufig wissen wir von den Vorgängen bei der Epilepsie gerade so wenig, wie von denen bei der Migräne. Die Experimentatoren können zwar einen epileptischen Anfall durch Elektrisiren der Gehirnrinde und andere Mittel hervorrufen, aber der Anfall des Kranken entsteht nicht so und die Frage ist gerade die, wie entstehen im Organismus so starke Reize (beziehungsweise so grosse Reizbarkeit), dass scheinbar von selbst oder auf geringfügige Veranlassungen hin dasselbe sich ereignet, was der grobe Eingriff von aussen beim Experiment bewirkt?

Ueber das Verhältniss der Migränesymptome zu einander kann man sich verschiedenes denken und hat man sich vieles gedacht. Dass die klinische Auffassung, nach der der Kopfschmerz den eigentlichen Anfall bildet, die Aura die Nebenrolle bildet, möglicherweise nicht dem Verhältnisse der Gehirnvorgänge entspricht, wurde oben erwähnt: es ist nicht ausgeschlossen, dass der Kopfschmerz nur Wirkung der Aura sei. Die Autoren scheinen diesem Zusammenhange wenig Aufmerksamkeit geschenkt zu haben. Umsomehr hat von altersher das Verhältniss zwischen dem Kopfschmerze und den Magenerscheinungen das Interesse erregt. Die alte Meinung, dass die Magenveränderung primär sei, hat auch heute noch ihre Anhänger. Freilich, die aufsteigenden Dünste, die Galle spielen keine Rolle mehr. Tissot's Consensus der Organe könnte sich als »reflectorische« Beziehung auch heute noch sehen lassen. Die eigentlich moderne Fassung der Lehre würde darin bestehen, dass man den Migräneanfall als Gehirnvergiftung durch einen im Verdauungsrohre entstandenen und in den Kreislauf übergegangenen Giftstoff ansähe. v. Hecker hat z. B. im Jahre 1880 erklärt, die Migräne sei eine Schwefelwasserstoff-Vergiftung. Jetzt würde man eher an die sogenannten Ptomaine denken. Die Mehrzahl der Autoren jedoch hält daran fest, dass der Kopfschmerz und die anderen Gehirnsymptome primär, die Magen-Darmerscheinungen secundär seien. Immerhin kann die Sache zu Bedenken Anlass geben. Dass der von Erkrankung der Meningen abhängige Kopfschmerz mit Erbrechen verbunden sein kann, beweisen die Erfahrungen bei Meningitis, bei anderweiten Beschädigungen der Gehirnhäute, bei Gehirngeschwülsten. Wir wissen ferner, dass Processe in der hinteren Schädelgrube, die direct oder indirect die Oblongata schädigen. Erbrechen hervorrufen können. Damit ist noch nicht gesagt, wie es zum Erbrechen komme. Da der Vagus in der Oblongata entspringt und zum Magen geht, denkt man natürlich an ihn, aber auch wenn man annimmt, der Vagus bewirke »reflectorisch« das Erbrechen, weiss man noch nicht, warum Meninxschmerz von diesem begleitet ist, anderweiter Trigeminusschmerz nicht. Wir müssen es dahingestellt sein lassen und uns damit begnügen, das Migräneerbrechen als ein den übrigen Formen des Gehirnerbrechens analoges anzusehen. Dabei darf man aber nicht übersehen, dass doch Unterschiede bestehen. Bei den groben Gehirnerkrankungen tritt das Erbrechen gewöhnlich ohne vorausgehende Uebelkeit ein, während bei vielen Migränekranken nicht nur Erbrechen vorkommt, sondern langdauernde Uebelkeit, heftiger Widerwille gegen Speisen den Kranken quälen, hie und da übler Geruch aus dem Munde oder starke Säurebildung u. A. sich zeigen. Alle Magen-Darmerscheinungen bei Migräne als Wirkungen des Kopfschmerzes, beziehungsweise der ihm entsprechenden Gehirnveränderung aufzufassen, das geht nicht an. Dagegen wissen wir, dass Gemüthsbewegungen in ebenso mannigfacher Art die Magen-Darmfunctionen stören können, wie der Migräneanfall es thut, das ergibt sich bei den Wirkungen des Aergers, der Furcht, bei der nervösen Dyspepsie u. s. w. Man wird annehmen müssen, dass die visceralen Migränesymptome in ähnlicher Weise vom Gehirn abhängig seien. Das Wie ist da und dort gleich dunkel. Nicht unmöglich ist, dass es da eine Art von Circulus vitiosus gebe, dass Gehirnvorgänge Verdauungstörungen bewirken und dass die dabei entstehenden Giftstoffe wieder das Gehirn schädigen. Dabei mag man wohl auch an die für uns noch unverständliche Wirkung der Salicylsäure und ähnlicher Stoffe denken, die zugleich Gährung und Migräne verhüten können, Fieber und Schmerzen lindern. Vielleicht bringt Erweiterung der Einsicht in die Chemie des Organismus Aufklärung.

  Wie in früheren Zeiten die Erklärer über die Beziehungen zwischen Magen und Gehirn bei Migräne nachsannen, so hat in den letzten dreissig Jahren das Verhältniss zwischen den Gefässveränderungen und den übrigen Migränesymptomen im Vordergrunde gestanden. Schon früher hatte Parry die Gefässveränderungen für das Primäre erklärt, aber erst die an Dubois-Reymond's Mittheilung sich anknüpfenden Erörterungen erregten die Gemüther. Vor etwa 20 Jahren schien die »vasomotorische Theorie« zum Siege gelangt zu sein und der Glaube, dass die Migräne eine »vasomotorische Neurose« sei, wurde zum Dogma erhoben. Trotz aller Widerlegungen hat sich dieses Dogma bis heute erhalten und bei jeder Abhandlung über Migräne scheint seine Besprechung der Gipfelpunkt zu sein. Ich habe schon in den Bemerkungen über die Geschichte der Migräne gesagt, dass Liveing mit grosser Ausführlichkeit und meines Erachtens unwiderleglich

alle Formen der vasomotorischen Hypothese widerlegt habe. Neuerdings
hat Gowers in abgekürzter Darstellung dieselbe Arbeit geleistet. Auch
ich habe früher[1]) mich gegen die Sympathicustheorie ausgesprochen.
Ich bin der Ueberzeugung, dass die vasomotorische Theorie todt sei, dass
sie nur vermöge der vis inertiae noch gelehrt werde, und mir fehlt daher
der Muth, ausführlich auf die Bestreitung des nicht mehr Lebendigen
einzugehen. Nur kurz seien die wichtigsten Punkte hervorgehoben. All-
überall, im Physiologischen wie im Pathologischen sind die Vorgänge in
den Parenchymzellen das Primäre, die Aenderungen der örtlichen Circulation sind Folgeerscheinungen; das Parenchym ist der Herr, die Circulation
der Diener. Es wird behauptet, der Schmerz und die anderen Migränesymptome seien Wirkung der Verengerung oder der Erweiterung der
Blutgefässe des Kopfes. Nun fehlen, wie früher (p. 40) gesagt wurde,
deutliche Gefässveränderungen sehr oft, ist bei im Uebrigen gleicher
Migräne bald Verengerung, bald Erweiterung vorhanden. Es muss also
nicht nur angenommen werden, dass der Grad der Gefässveränderung
ziemlich gleichgiltig sei, sondern auch, dass Krampf dasselbe bewirke wie
Lähmung. Ferner ist es eine aus der Luft gegriffene Behauptung, dass,
sei es Erweiterung, sei es Verengerung der vom N. sympathicus innervirten
Blutgefässe die Migränesymptome, besonders den Schmerz hervorrufen
könne, und nachgewiesenermaassen ist in keinem einzigen Falle von
Erkrankung des Halssympathicus Migränekopfschmerz oder sonst ein
Migränesymptom vorhanden gewesen. Kurz, es lässt sich nichts Willkür-
licheres und den Thatsachen Widersprechenderes erdenken als die »vasomotorische Theorie«.

Wir müssen also annehmen, dass ebenso wie die Verdauungstörungen
die Gefässsymptome Wirkungen der dem Anfalle zu Grunde liegenden
Gehirnveränderungen seien. Warum sie bald stark ausgeprägt, bald nur
angedeutet sind, warum sie bald das eine, bald das andere Vorzeichen
tragen, das wissen wir nicht. Wir mögen daran denken, dass auch im
Zorne der Eine blass, der Andere roth wird, dass somit individuelle
Reactionen ins Spiel kommen. Gerade wie beim Erbrechen kann nicht
der Schmerz als solcher Ursache der secundären Veränderungen, hier der
Blässe oder der Röthe sein, sondern es scheint eben dem Meningeal-
schmerze die Verknüpfung mit beträchtlichen vasomotorischen Reactionen
eigen zu sein. Bemerkenswerth ist, dass eine Art von Tâches cérébrales
auch bei Migräne vorkommt. Will man sich denken, dass zwischen den
Gehirnhäuten, beziehungsweise den Kernen der Rami recurrentes einerseits
und dem sogenannten vasomotorischen Centrum, sowie dem Vaguskerne

---

[1]) Zur Pathologie des Halssympathicus. Berliner klin. Wochenschr. 1884, XXI,
15—18, u. a. a. O.

andererseits, nahe Beziehungen bestehen, so lässt sich nichts dagegen sagen; es ist freilich nur eine Umschreibung der in Rede stehenden Thatsachen.

Absichtlich habe ich mich in diesen theoretischen Erörterungen so kurz gefasst wie möglich. Hätte ich über die Skizzirung der am ehesten in Betracht kommenden Hypothesen hinausgehen und die Ansichten der anderen Autoren ausführlich erörtern wollen, so wäre schwer ein Abschluss zu finden gewesen. Bei der Localisation der visuellen Aura z. B. sind sämmtliche Stationen der Sehbahn, von der Retina bis zur Hirnrinde, in Vorschlag gebracht worden. Sollen nun in jeder Darstellung der Lehre von der Migräne alle Ansichten, die alle Autoren ausgesprochen haben, vorgetragen werden? Schwerlich wäre das das Rechte. Vielmehr sollte das Theoretische zurücktreten und nur als Anhang betrachtet werden. Gerade bei der Lehre von der Migräne, deren klinischer Ausbau noch sehr viel zu wünschen übrig lässt und die bisher so recht ein Tummelplatz medicinischer Speculation gewesen ist, soll die Hauptsache die unbefangene Schilderung des klinischen Bildes sein. Ich bitte daher Diejenigen, die ihre Auffassung nicht genügend berücksichtigt finden, um Entschuldigung, »denn des Bücherschreibens ist kein Ende und viel Predigen macht den Leib müde«.

Leipzig, im April 1894.

Nachtrag.

Erst nach Abschluss meiner Abhandlung habe ich die interessante Arbeit A. Siegrist's erhalten (Beiträge zur Kenntniss von Wesen und Sitz der Hemicrania ophthalmica. Mittheilungen aus Kliniken u. s. w. der Schweiz. 1. Reihe, Heft 10, 1894). Siegrist beschreibt darin ausführlich einen Kranken mit Augenmigräne und zieht auf Grund dieser Krankengeschichte und der Angaben der Literatur seine Schlüsse.

Von thatsächlichen Feststellungen ist bemerkenswerth, dass Siegrist zweimal im Anfalle die Arterien Einer Papille contrahirt fand, und zwar, wenn das Scotom links war, in dem rechten Auge und umgekehrt. Dem Scotom folgte Kopfschmerz der anderen Seite mit Blässe des Gesichts. Es ist also ersichtlich, dass, wenn der Augenspiegel Gefässveränderungen nachweist, diese mit der visuellen Aura gar nichts zu thun haben, sondern dem Kopfschmerze untergeordnet sind. Sodann sei hervorgehoben, dass Siegrist im Anfalle normale Pupillenreaction fand; er drückt sich nur falsch aus, wenn er sagt, es habe hemianopische Pupillenreaction bestanden, er will sagen, es bestand keine hemianopische Pupillenreaction.

Siegrist's Angaben stehen insofern im Gegensatze zu den meinigen, als er angibt, bei dem Migränescotom handle es sich um ein Nichtsehen. Er sagt, Scotome durch peripherische Läsion seien schwarz, wenn aber, wie bei der Migräne, die Zellen der Hirnrinde ausgeschaltet würden, trete einfaches Nichtsehen ein. Siegrist sagt von seinem Patienten, an der Stelle des Scotoms »fehle jede Gesichtsempfindung, mit Ausnahme davon, dass die Stelle in undulirender Bewegung begriffen ist wie erwärmte Luft«. Das ist doch kein Nichtsehen! Ueberdem vernachlässigt Siegrist die Angaben der vielen Kranken, deren Scotom mehr oder weniger dunkel ist. Er erwähnt selbst, dass die Patienten mit corticaler Hemianopsie gar kein Bewusstsein von dem Defecte des Gesichtsfeldes haben. Die Migränekranken aber haben eben ein solches Bewusstsein. Ich sehe keinen Grund, von meiner Auffassung abzugehen, und stimme dabei doch der theoretischen Auffassung Siegrist's zu. Die Sache ist nur die, dass es sich bei der Migräne nicht um eine Ausschaltung, sondern um eine krankhafte Function der Sehrinde handelt. Gelegentlich mag ja der Process bis zum Nichtsehen

gehen, in der Regel handelt es sich um Verdeckung eines Theiles des
Gesichtsfeldes, sei es durch einen hellen Schein, sei es durch einen mehr
oder weniger dichten Nebel. Uebrigens bin ich zu meinen Auseinandersetzungen ebenso wie Siegrist durch die Arbeit Dufour's vom Jahre 1889
geführt worden.

Als Ort der Augenmigräne betrachtet auch Siegrist die Hirnrinde.
Leider lässt er sich auf die vasomotorischen Phantasien ein, die ihn auf
seltsame Abwege führen.

Als Ursache nennt Siegrist Anstrengung der Augen, Refractionsfehler u. A. Die Thatsache, dass ein Hemiscotom auftritt, zeigt, dass
diese Ursachen nichts als Gelegenheitursachen sein können, nur bei einem
Menschen, der die hemikranische Veränderung schon hat, wirken.

Eine mir bis dahin unbekannte Beobachtung Landolt's und von
Wecker's theilt Siegrist mit. Der Physiker J. Plateau litt, obwohl er
seit 40 Jahren vollständig blind war (durch Chorioiditis) an typischem
Flimmerscotom.

www.ingramcontent.com/pod-product-compliance
Lightning Source LLC
Chambersburg PA
CBHW021941190326
41519CB00009B/1101